Python
Web数据分析可视化
基于Django框架的开发实战

韩伟 赵盼 ◎ 编著

清华大学出版社
北京

内 容 简 介

本书从初学者的角度出发,提供了Python从入门到数据分析可视化再到Web开发所需要的知识和技能。

本书按照技能的熟练程度分为六篇。第一篇初窥门径(第1~3章)主要包含了Python基础语法知识。第二篇略有小成(第4和5章),读者从这里开始学习Python数据处理,并体验如何调用Python第三方库实现Web数据交互可视化分析。第三篇登堂入室(第6和7章),读者自此开始接触Django,并学习如何使用Django开发一个静态网站。第四篇融会贯通(第8章),借由此章读者可以将前面学习的内容融会贯通,能根据自己的理解实现一些简单的功能,据此完成投票网站的开发。第五篇炉火纯青(第9章),本章是对前面几章内容的升华,需要读者充分掌握前两个案例才能理解本章的内容。学会了本章,读者将完成一个精美的、功能完善的数据分析可视化网站,并可以应用于日常生活和工作中。第六篇返璞归真(第10章),本章将讲解如何将开发好的应用程序部署在服务器上实现实际应用,读者将初步接触服务器部署的一些基础知识,并感受到学无止境。

本书适合Python爱好者,需要学习编程辅助提高工作效率的在职者,以及具备一定编程基础,想要开发作品的自学者阅读。

本书封面贴有清华大学出版社防伪标签,无标签者不得销售。
版权所有,侵权必究。举报: 010-62782989, beiqinquan@tup.tsinghua.edu.cn。

图书在版编目(CIP)数据

Python Web数据分析可视化: 基于Django框架的开发实战/韩伟,赵盼编著. —北京: 清华大学出版社,2022.3(2023.7重印)
(清华开发者书库. Python)
ISBN 978-7-302-60087-9

Ⅰ. ①P… Ⅱ. ①韩… ②赵… Ⅲ. ①软件工具—程序设计 Ⅳ. ①TP311.561

中国版本图书馆CIP数据核字(2022)第018738号

责任编辑: 赵佳霓
封面设计: 刘 键
责任校对: 焦丽丽
责任印制: 曹婉颖

出版发行: 清华大学出版社
网　　址: http://www.tup.com.cn, http://www.wqbook.com
地　　址: 北京清华大学学研大厦A座　　邮　编: 100084
社 总 机: 010-83470000　　邮　购: 010-62786544
投稿与读者服务: 010-62776969, c-service@tup.tsinghua.edu.cn
质量反馈: 010-62772015, zhiliang@tup.tsinghua.edu.cn
课件下载: http://www.tup.com.cn, 010-83470236

印 装 者: 涿州市般润文化传播有限公司
经　　销: 全国新华书店
开　　本: 185mm×260mm　　印　张: 14.5　　字　数: 353千字
版　　次: 2022年3月第1版　　印　次: 2023年7月第2次印刷
印　　数: 2001~2800
定　　价: 69.00元

产品编号: 091536-01

前 言
PREFACE

因工作关系,本人对编程比较感兴趣,并初步接触了 Python。学习 Python 之初也购买了很多书籍,但是照着书本学习了一遍之后发现了很多问题。第一,当时市面上的书籍以 Python 基础语法为主,几百页的书籍自己学起来感觉有些枯燥,尤其是对于初学者而言很容易放弃。第二,学习完基础语法想要做一些项目的时候却一筹莫展,不知如何下手。从书籍上及网络上查了很多资料,但是感觉和自己想要做的东西毫不相干。第三,关于 Python 基础语法学习之后的进阶方向,通过查阅资料有了大致了解,但是自己独自去看官方文档稍显困难。语言问题不大,但是文档中的专业词汇会让自己晕头转向,感觉一无所知、不知所措。第四,在着手做项目的时候,由于知识和经验的差异,很多对专业人员易如反掌的小问题可能会让初学者困顿不前,甚至查遍网络也很难找到明确的答案。

上述这些问题相信很多初学者在学习的过程中也曾感同身受,记忆犹新。当时自己就有一个很强烈的念头:我所接触的书籍不适合我,真的不适合入门进阶。以后笔者一定要写一本让人能够简单入门并快速上手开发的书!于是就有了今天的这本书。本书从初学者的角度出发,提供了 Python 从入门到数据分析可视化再到 Web 开发所需要的知识和技能。本书内容浅显易懂,注重从初学者到独立开发者这个过渡阶段所需要的知识和内容,力争帮助读者平稳过渡,为读者带来流畅的学习体验,使阅读本书的读者都能逐步成长为一个优秀的学习者和研究者。

本书特色

(1) 快速上手:本书对 Python 的基础知识做了整合和浓缩,基础知识只讲解实际生活和工作中常用的部分,所以内容会大大缩减,避免大家在基础知识上花费过多的时间却感觉毫无成效。

(2) 普适性强:本书中的内容,浅显易懂,比较直白,专业化术语较少。如果读者具备一定的编程基础,则可以跳过任意部分,直接学习感兴趣的内容。

(3) 实用第一:本书以实用为原则,所讲解的内容皆是工作或开发过程中所面临的实际问题,所以学习本书的内容能帮助你触类旁通且高效地解决实际生活和工作中的问题。

(4) 目标专注:本书的知识目标较为专一,一句话概括就是"在 Web 端实现 Python 数据分析可视化"。技能树的爬升阶段为 Python 语法基础→算法实战→Python 数据分析可视化→Django Web→数据分析可视化网站的搭建。

(5) 授之以渔:本人深知自主学习的重要性,因此在文中很多地方提供了相应的参考资料帮助读者去查询、理解、学习一些新的内容,但是否需要学习由读者自己决定。

(6) 视频讲解:本书部分内容配套了相应的视频讲解,视频中读者会发现老师也会偶尔出错,这是个有趣的过程,但是如何查错纠错,也需要我们去思考和学习。

阅读建议

本书是一本基础入门加开发实践的书籍，建议读者先仔细阅读目录。对于初学者而言，按部就班学习即可；对于有一定基础想要着手开发的读者，建议从第 6 章开始学习。第 6～9 章的项目虽然内容上没有联系，但是内在的开发逻辑一脉相承、循序渐进，很适合用作练习巩固。在这个过程中学会的不仅是几个例子，更是学会如何构思项目、如何使用官方文档自主学习，这其实更加重要。在项目的开发过程中，建议有基础的读者照例编写，基础入门者可以先复制代码，让项目先运行起来，以便看到效果，再依照案例单独编写。

由于作者水平有限，书中难免存在疏漏之处，恳请广大读者予以指正，以便及时改正和更新。

韩 伟 赵 盼

2022 年 1 月

本书源代码

目 录
CONTENTS

第一篇 初窥门径

第 1 章 Python 简介 ········ 3
- 1.1 Python 概述 ········ 3
- 1.2 Python 环境安装 ········ 4
  - 1.2.1 下载 Python 安装包 ········ 5
  - 1.2.2 安装 Python ········ 6
  - 1.2.3 体验 IDLE ········ 9
- 1.3 Python 开发工具 ········ 12
  - 1.3.1 下载 PyCharm ········ 12
  - 1.3.2 安装 PyCharm ········ 14
  - 1.3.3 使用 PyCharm ········ 16

第 2 章 Python 基础 ········ 18
- 2.1 简单交互 ········ 18
- 2.2 数据类型 ········ 22
  - 2.2.1 常用数据类型 ········ 22
  - 2.2.2 数据类型转换 ········ 23
  - 2.2.3 字符串常见操作 ········ 24
  - 2.2.4 列表常见操作 ········ 25
  - 2.2.5 算术运算符和表达式 ········ 25
- 2.3 条件判断 ········ 26
- 2.4 循环结构 ········ 28
  - 2.4.1 for 循环 ········ 28
  - 2.4.2 while 循环 ········ 30
- 2.5 编写函数 ········ 31
- 2.6 模块使用 ········ 33
  - 2.6.1 模块的概念 ········ 33
  - 2.6.2 模块的使用 ········ 34
- 2.7 序列应用 ········ 35

2.8 异常处理 ... 39

第3章 算法探究 ... 41

3.1 序列求和 ... 41
3.2 水仙花数 ... 42
3.3 字符统计 ... 43
3.4 鸡兔同笼 ... 44
3.5 最大质因数 ... 45
3.6 排序算法 ... 46
3.7 递推算法 ... 48
3.8 贪心算法 ... 49

第二篇 略有小成

第4章 数据分析可视化 ... 53

4.1 数据分析工具 ... 54
4.2 Python 文件操作 ... 54
　　4.2.1 查看路径 ... 54
　　4.2.2 遍历目录 ... 55
　　4.2.3 新建目录及文件 ... 56
　　4.2.4 删除目录及文件 ... 56
　　4.2.5 读取文件内容 ... 57
4.3 Python 数据库操作 ... 58
　　4.3.1 创建数据库 ... 58
　　4.3.2 新增信息 ... 60
　　4.3.3 查询信息 ... 60
　　4.3.4 修改信息 ... 64
　　4.3.5 删除信息 ... 65
4.4 Python 处理 Excel 文件 ... 66
　　4.4.1 读取数据文件 ... 66
　　4.4.2 操作数据 ... 69
4.5 Python 数据分析可视化实践 ... 76
　　4.5.1 Matplotlib 简介 ... 76
　　4.5.2 Matplotlib 简单使用 ... 78

第5章 体验 Web 数据分析 ... 86

5.1 Streamlit 简介 ... 86
5.2 安装 Streamlit ... 87
5.3 Streamlit 开发 ... 87

5.3.1 导入第三方库 ... 89
5.3.2 添加标题和侧边栏 ... 90
5.3.3 为 Home 选项制作界面 ... 92
5.3.4 为 Matplotlib 选项制作界面 ... 93
5.3.5 为 Plotly 选项制作界面 ... 94
5.3.6 为 Altair 选项制作界面 ... 95

第三篇 登堂入室

第 6 章 Web 开发简介 ... 99
6.1 Web 框架简介 ... 99
6.2 Bootstrap 简介 ... 100
6.3 Django 和 Bootstrap 初步 ... 102
6.3.1 新建项目并配置虚拟环境 ... 102
6.3.2 安装 Django ... 103
6.3.3 切换路径 ... 104
6.3.4 新建应用 ... 105
6.3.5 编写首页视图函数 ... 106
6.3.6 编写路由函数 ... 107
6.3.7 运行网站 ... 108
6.3.8 新建模板文件 ... 109
6.3.9 编写登录页 HTML ... 111
6.3.10 更改配置 ... 113
6.3.11 重新运行 ... 114

第 7 章 开发静态网站 ... 115
7.1 系统功能设计 ... 115
7.2 系统环境配置 ... 117
7.2.1 配置虚拟环境 ... 117
7.2.2 新建项目 ... 118
7.2.3 新建应用 ... 118
7.3 数据库表设计 ... 119
7.3.1 创建数据库模型 ... 120
7.3.2 查看数据库 ... 122
7.4 网站博客页设计 ... 123
7.4.1 新建模板文件夹 ... 123
7.4.2 编写博客页 HTML ... 124
7.4.3 编写博客页视图函数 ... 125
7.4.4 添加路由 ... 126

  7.4.5 运行网站 ··· 127
  7.4.6 修改博客页 HTML ·· 127
 7.5 网站登录页设计 ·· 134
 7.6 登录管理后台 ·· 136
  7.6.1 模型加入管理后台 ··· 136
  7.6.2 创建超级管理员 ·· 137
  7.6.3 访问管理后台 ··· 138
 7.7 前后端结合增加登录功能 ·· 140
  7.7.1 前后端通信方法 ·· 140
  7.7.2 修改前端代码 ··· 140
  7.7.3 修改后端代码 ··· 142
  7.7.4 测试登录功能 ··· 143
 7.8 前后端结合显示博客内容 ·· 144
  7.8.1 Django 模板语言 ·· 144
  7.8.2 修改博客视图函数 ·· 145
  7.8.3 修改博客页 HTML 代码 ··· 145
  7.8.4 测试博客页面 ··· 146
 7.9 实现分页功能 ·· 146
  7.9.1 修改博客视图函数 ·· 147
  7.9.2 修改博客页 HTML ·· 148
  7.9.3 重新运行 ··· 149
 7.10 添加按钮和超链接 ··· 151
 7.11 优化 ··· 151

第四篇 融 会 贯 通

第 8 章 开发评测网站 ··· 155
 8.1 系统功能设计 ·· 155
 8.2 系统环境配置 ·· 156
  8.2.1 配置虚拟环境 ··· 156
  8.2.2 新建项目 ··· 156
  8.2.3 新建应用 ··· 157
 8.3 数据库表设计 ·· 158
  8.3.1 数据表分析 ··· 158
  8.3.2 新建模型 ··· 158
  8.3.3 迁移模型 ··· 159
  8.3.4 创建超级管理员 ·· 160
  8.3.5 创建问题及选项 ·· 160
 8.4 登录功能实现 ·· 161

	8.4.1 创建登录页 HTML ………………………………………………… 161
	8.4.2 编写登录页函数 …………………………………………………… 162
	8.4.3 编写登录页路由 …………………………………………………… 163
	8.4.4 测试登录功能 ……………………………………………………… 164
8.5	调查功能实现 ……………………………………………………………… 164
	8.5.1 创建调查页 HTML ………………………………………………… 164
	8.5.2 编写调查页视图函数 ……………………………………………… 167
	8.5.3 编写调查页路由 …………………………………………………… 167
	8.5.4 测试 ………………………………………………………………… 168
8.6	数据处理 …………………………………………………………………… 169
	8.6.1 数据处理方法 ……………………………………………………… 169
	8.6.2 修改管理后台 ……………………………………………………… 170
	8.6.3 测试运行 …………………………………………………………… 170
	8.6.4 数据统计 …………………………………………………………… 172
8.7	其他优化 …………………………………………………………………… 172

第五篇　炉火纯青

第 9 章　开发数据分析系统 ………………………………………………………… 175

9.1	系统功能设计 ……………………………………………………………… 175
9.2	系统环境配置 ……………………………………………………………… 178
	9.2.1 配置虚拟环境 ……………………………………………………… 178
	9.2.2 新建项目 …………………………………………………………… 178
	9.2.3 新建应用 …………………………………………………………… 179
9.3	数据库表设计 ……………………………………………………………… 180
	9.3.1 数据表分析 ………………………………………………………… 180
	9.3.2 新建模型 …………………………………………………………… 180
	9.3.3 迁移模型 …………………………………………………………… 181
	9.3.4 创建超级管理员 …………………………………………………… 181
9.4	登录功能实现 ……………………………………………………………… 182
	9.4.1 创建登录页 HTML ………………………………………………… 182
	9.4.2 编写登录页函数 …………………………………………………… 183
	9.4.3 编写登录页路由 …………………………………………………… 184
	9.4.4 测试登录功能 ……………………………………………………… 184
9.5	可视化功能实现 …………………………………………………………… 185
	9.5.1 创建首页 HTML …………………………………………………… 185
	9.5.2 编写首页视图函数 ………………………………………………… 186
	9.5.3 编写首页路由 ……………………………………………………… 186
	9.5.4 测试 ………………………………………………………………… 186

9.5.5 更改登录函数 187
9.5.6 后台数据导入/导出功能实现 188
9.5.7 完善侧边栏功能 190
9.5.8 首页数据分析可视化 192
9.5.9 页面跳转 195
9.6 后台美化 200

第六篇 返璞归真

第 10 章 服务器部署 205

10.1 部署方案简介 205
10.2 Windows 部署 206
    10.2.1 转移项目 206
    10.2.2 安装 IIS 209
    10.2.3 安装 wfastcgi 211
    10.2.4 配置网站 213
    10.2.5 更改配置 216

第一篇 初窥门径

第一篇 初级入门

第 1 章 Python 简介

本章作为学习 Python 前的准备环节，主要分为 3 部分，分别是 Python 概述、Python 环境安装、Python 开发工具安装，如图 1-1 所示。

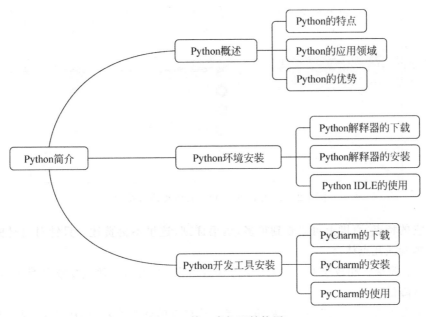

图 1-1　第 1 章知识结构图

第 1 部分主要对 Python 的特点进行简单的介绍，以便读者有一个初步的印象。

第 2 部分主要讲解 Python 解释器的安装，主要分为下载、安装、使用 3 个步骤，每个步骤都配有相应的图片，操作较为详细，避免新手在操作上遇到困难。

第 3 部分主要讲解 Python 开发工具，本书主推 PyCharm，讲解 PyCharm 的下载、安装和简单使用，后续高级的用法会在实战部分逐步展开。

1.1　Python 概述

Python 作为一种高级编程语言，目前已经在社会上被广受关注。在 2022 年 5 月 TIOBE 最受欢迎编程语言排行榜中 Python 已经成为最受欢迎编程语言，如图 1-2 所示。

May 2022	May 2021	Change	Programming Language	Ratings	Change
1	2	⋀	Python	12.74%	+0.86%
2	1	⋁	C	11.59%	-1.80%
3	3		Java	10.99%	-0.74%
4	4		C++	8.83%	+1.01%
5	5		C#	6.39%	+1.98%
6	6		Visual Basic	5.86%	+1.85%
7	7		JavaScript	2.12%	-0.33%
8	8		Assembly language	1.92%	-0.51%
9	10	⋀	SQL	1.87%	+0.16%
10	9	⋁	PHP	1.52%	-0.34%
11	17	⋀⋀	Delphi/Object Pascal	1.42%	+0.22%
12	18	⋀⋀	Swift	1.23%	+0.08%
13	13		R	1.22%	-0.16%
14	16	⋀	Go	1.11%	-0.11%
15	12	⋁	Classic Visual Basic	1.03%	-0.38%
16	21	⋀⋀	Objective-C	1.03%	+0.24%
17	19	⋀	Perl	0.99%	-0.05%
18	37	⋀⋀	Lua	0.98%	+0.64%
19	11	⋁⋁	Ruby	0.86%	-0.64%
20	15	⋁⋁	MATLAB	0.82%	-0.41%

图 1-2　TIOBE 2022 年 5 月编程语言排行榜

关于它的特点，百度上可以查到很多，也很详细，这里不再赘述。只针对自己的工作经验和使用体验谈几点体会：

（1）语法简单。相较于 C/C++/Java 等编程语言，Python 的语法要求要简单得多，学习成本大幅度降低。

（2）应用范围广。任何一种编程语言都有其自身的优势和特点，Python 相较于其他语言，应用的范围更广，爬虫、Web 开发、图形处理、大数据分析、量化交易、机器学习、自动化运维、人工智能等热门行业都有 Python 的身影，甚至在很多领域，Python 都是其中的主力。

（3）第三方库丰富。Python 拥有丰富的第三方库，可以帮助开发者加快自己的开发进度，避免重复造轮子。很多功能，这些库已经实现好，只需恰当地调用，这大大加快了开发的进度。作为一个业余开发者，如果对于性能没有严苛的要求，则 Python 是一个比较好的选择。

1.2　Python 环境安装

要进行 Python 开发，需要安装 Python 解释器，解释器负责把编写的 Python 代码转换成机器可以执行的文件。下面要安装的 Python 安装包，实际上就是指 Python 解释器。Python 解释器里自带 Python 基础的集成开发环境（IDLE）供开发者使用。

1.2.1 下载 Python 安装包

打开浏览器,搜索 Python 官方网站,网址是 https://www.python.org/,将鼠标移动到 Downloads 菜单选项上,就会弹出 Windows 安装包 Python 3.9.0,单击即可下载,如图 1-3 所示。

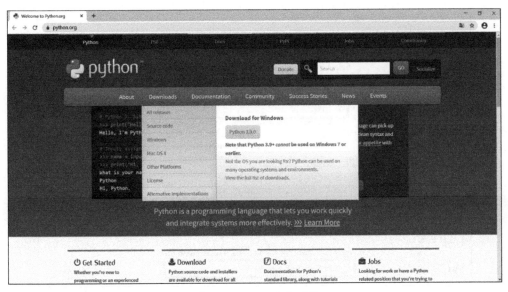

图 1-3　Python 官方下载

由于 Python 官网属于国外链接,因此下载非常缓慢,经常会中断。为此,如果想快速下载,则可以选择国内的镜像源或者在一些软件中心下载。本书推荐从腾讯软件中心下载,虽然版本较官网略旧(Python 3.8.5),但区别不大,基本不影响使用,如图 1-4 所示。

图 1-4　Python 腾讯软件中心下载

1.2.2 安装 Python

双击 Python 安装包，将显示安装向导对话框，勾选 Add Python 3.9 to PATH，表示将自动配置环境变量，这一点很重要。之后单击 Install Now 按钮即可自动安装，如图 1-5 所示。

图 1-5 勾选添加环境变量

如果需要自定义安装，则可单击 Customize installation 按钮，单击此按钮后显示的安装界面如图 1-6 所示。

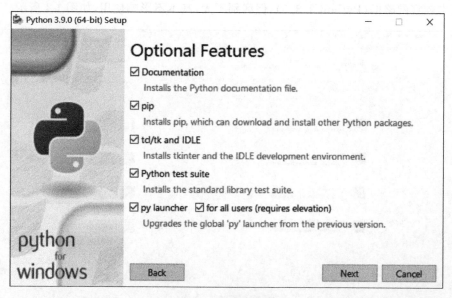

图 1-6 个性化选项

单击 Next 按钮,将打开高级选项,如图 1-7 所示,单击 Browse 按钮可以更改自己需要安装的路径。确定后单击 Install 按钮,程序会自动安装,如图 1-8 所示。

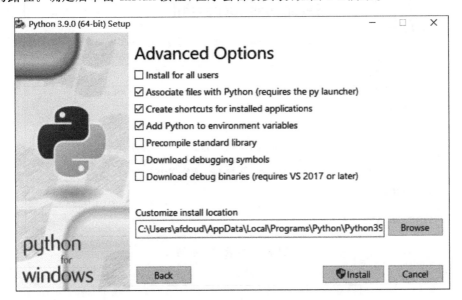

图 1-7　更改安装路径

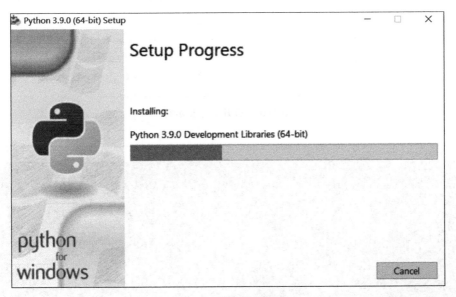

图 1-8　安装进度示例

安装完成后,会出现如图 1-9 所示提示,单击 Close 按钮关闭即可。

此时可以通过以下方式验证 Python 解释器是否安装成功:同时按键盘上的 Windows 键和 R 键,会弹出如图 1-10 所示界面。在弹出的对话框中输入 cmd,然后按回车键,会弹出如图 1-11 所示命令提示符界面。

在命令提示符中输入 python,然后按 Enter 键,如果出现如图 1-12 所示界面,则说明安装成功。图 1-12 中的提示说明了当前计算机中 Python 的版本信息。

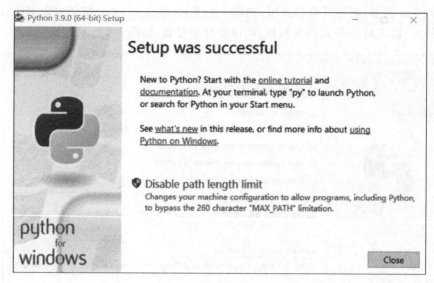

图 1-9 安装成功示例

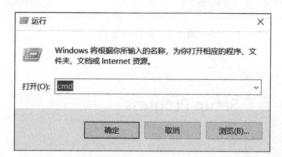

图 1-10 打开命令提示符

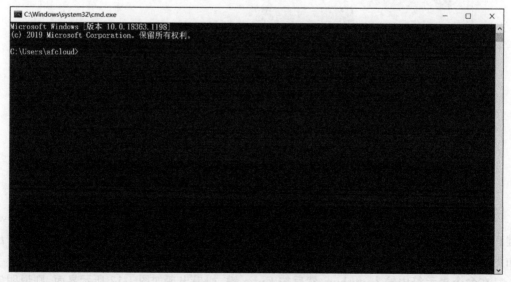

图 1-11 命令提示符界面

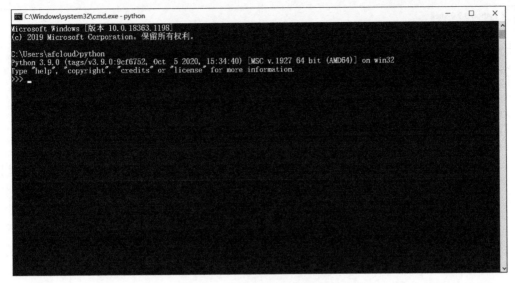

图 1-12 查看 Python 版本信息

1.2.3 体验 IDLE

在 Windows 系统左下角的搜索栏输入 IDLE 就会弹出 Python 自带的集成开发环境（IDLE），打开后会出现如图 1-13 所示界面。

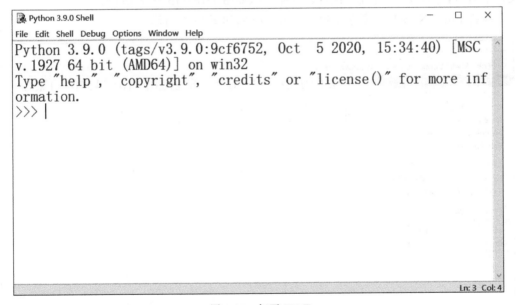

图 1-13 打开 IDLE

在">>>"符号后面输入以下命令 print("Nice to meet you!")，按 Enter 键即可看到执行结果。如图 1-14 所示，这条语句的作用是调用 Python 内置的 print() 函数，原样输出双引号之间的内容，然后换行。

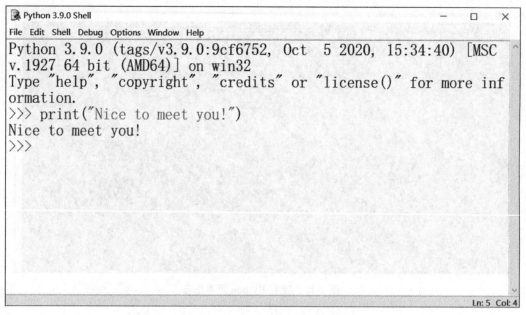

图 1-14　IDLE 调用 print() 函数

在这个界面下，语句只能一行一行地写，然后一行一行地执行。在实际开发过程中，肯定会同时编写很多行程序，然后一起执行。为此可以新建 Python 文件，将文件保存后再在文件中编写，然后按 F5 键统一执行。具体步骤如图 1-15～图 1-18 所示。

执行 File→New File 命令新建 Python 文件，如图 1-15 所示。

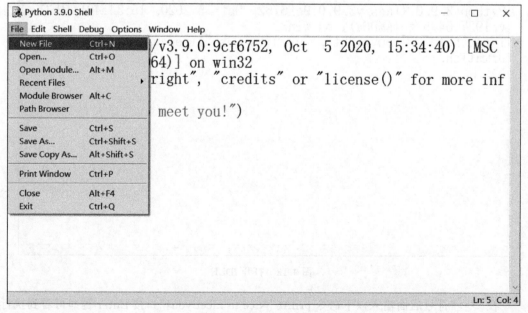

图 1-15　新建 Python 文件

为新建文件命名并选择存储位置，确定后单击"保存"按钮，如图1-16所示。

图1-16　为新文件命名

在新建的Python文件中编写两条语句"每天坚持学习一点点！""时间会见证我的改变！"，如图1-17所示。

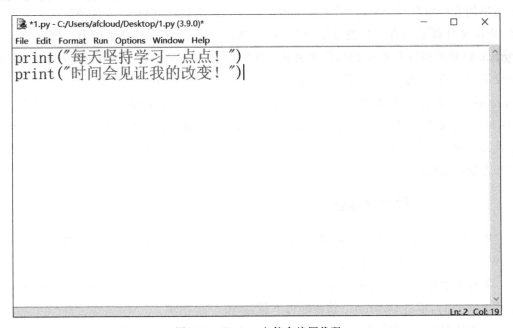

图1-17　Python文件中编写代码

按F5键执行，结果如图1-18所示。

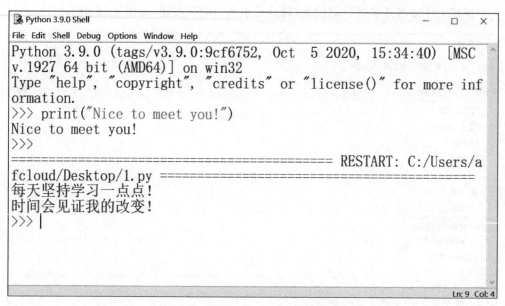

图 1-18　执行 Python 文件中的代码

1.3　Python 开发工具

工欲善其事，必先利其器，好的工具能极大地提高开发效率。以文字处理工具为例，对于简单的文字编辑任务来讲，系统自带的文本文件简单好用，但是对于复杂的文字处理任务，文本文件就显得有些功能过于简单，需要 Word 或 WPS 来提高生产力。现在安装的 Python 解释器相当于文本文件，因此要进行开发，还必须安装一些 Python 开发利器。目前比较流行的第三方开发工具有 PyCharm、Microsoft Visual Studio、Eclipse、Vscode 和 Anaconda。本书极力推荐 PyCharm，当然也可以 PyCharm 和 Anaconda 配合使用。PyCharm 是专业的 Python 开发工具，业内有目共睹。Anaconda 是一个包含 180 多个科学包及其依赖项的发行版本，支持 Python 和 R 语言编程，它可以减少在开发过程中逐个安装第三方包的烦恼。

1.3.1　下载 PyCharm

PyCharm 的官网是 https://www.jetbrains.com/pycharm/，进入官网，然后单击 DOWNLOAD 按钮进入下载页面，如图 1-19 所示。

下载页面有两个版本，Professional 为专业收费版，Community 为社区免费版，这里选择 Community，单击 Download 按钮即可下载，如图 1-20 所示。

正常情况下，官网的速度还是比较快的。如果在下载过程中出现下载缓慢或者网站无法打开的问题，同样可以去腾讯软件中心搜索 PyCharm 并下载，如图 1-21 所示。

图 1-19　PyCharm 官网首页

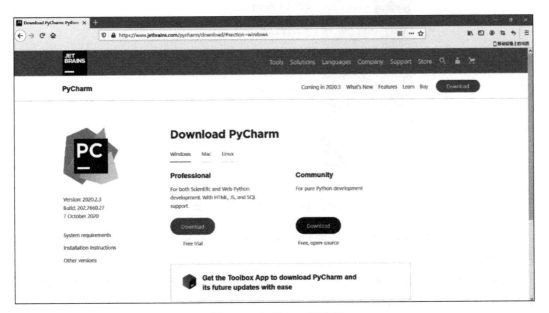

图 1-20　PyCharm 下载页

图 1-21　PyCharm 腾讯软件中心下载界面

1.3.2　安装 PyCharm

双击安装程序,会弹出如图 1-22 所示安装界面。单击 Next 按钮进入安装选项。

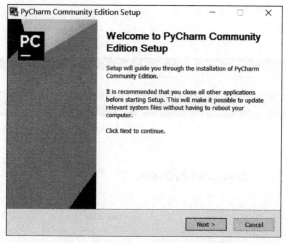

图 1-22　PyCharm 安装开始界面

　　单击 Browse 按钮可以选择更改安装位置,如图 1-23 所示,读者可按照自己的实际需求进行选择。

　　确认位置后单击 Next 按钮进入高级选项,全部勾选后单击 Next 按钮,在弹出的界面上单击 Install 按钮即可,如图 1-24 所示。

　　安装完成后会出现重启提示界面,如果计算机没有其他任务需要保存,则可勾选 Reboot now 选项,然后单击 Finish 按钮重启。如果计算机有其他的任务,暂时不能关闭,则可以勾选 I want to manually reboot later 选项,然后单击 Finish 按钮,意思是稍后手动重启,如图 1-25 所示。

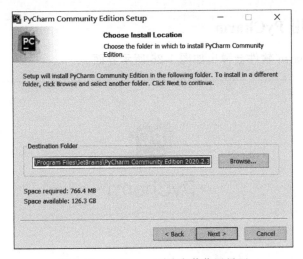

图 1-23　PyCharm 更改安装位置界面

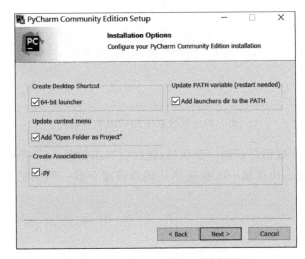

图 1-24　PyCharm 安装选项选择界面

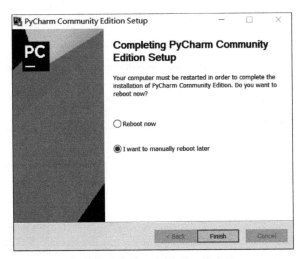

图 1-25　重启提示页面

1.3.3 使用 PyCharm

首次打开 PyCharm 软件会弹出如图 1-26 所示界面。

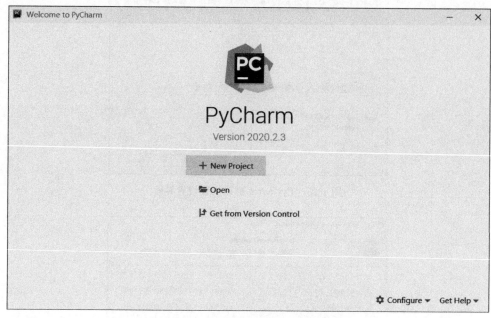

图 1-26　首次打开 PyCharm 界面

单击 New Project 按钮可新建一个项目，此时会弹出如图 1-27 所示的界面，相应选项选好后单击 Create 按钮。由于第一次新建要从国外链接下载一些第三方包，因此速度较慢，需要稍加等待。

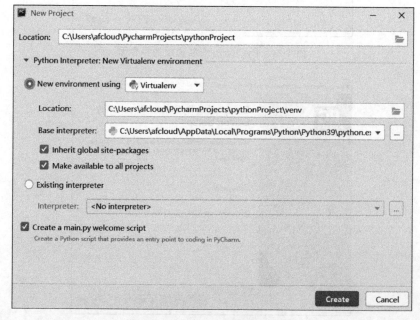

图 1-27　PyCharm 配置项目环境

下载后会进入如图 1-28 所示的界面,程序会自动新建一个实例程序 main.py。

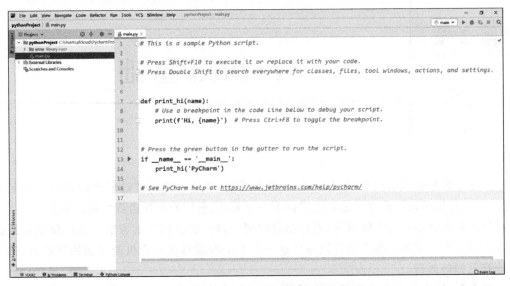

图 1-28　main.py 默认内容

按组合键 Ctrl＋Shift＋F10 或者右击 Run 'main(1)' 按钮程序即可运行,如图 1-29 所示。运行结果显示在界面的最下方,程序会原样输出"Hi, PyCharm"这句话。

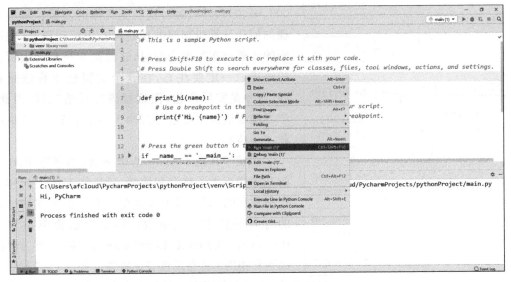

图 1-29　main.py 运行结果

第 2 章 Python 基础

本章主要带领读者简单学习 Python 语言基础,避免后续开发过程中读者对一些基本概念、语法理解不清。在学习之前先来讲明一下算法、程序和编程语言之间的关系。

算法是根据给定的实际问题,通过抽象建模所得到解决问题的方法。程序就是实现这种方法的一个个步骤。编程语言就是将这一个个步骤编写成计算机能够识别的语言,并告诉计算机如何运行。

举个例子,有一个 3 位密码的密码箱,但不知道密码,此时想打开箱子,应该如何去做呢?一个简单的方法就是从 000 至 999 一个个地去尝试,这就是典型的枚举算法。先把密码设置为 000,试试行不行。不行再依次去尝试 001、002、003、…、997、998、999,这就是具体的步骤。解决步骤如何让计算机理解并执行呢?用编程语言,把刚刚的步骤依次写出来即可,这就是常规意义上所讲的编程。一定要注意,在这个逻辑链中算法是核心,程序是实际产物,而编程语言只是工具,因此,学习编程语言不要过分沉溺于语法的学习,解决问题才是核心。

相较于其他 Python 基础书籍,本书对 Python 的基础知识做了整合和浓缩,只讲解实际生活和工作中常用的部分,避免读者在基础知识上花费过多的时间却感觉毫无成效。第 1 章已简单讲解了 Python 自带的 IDLE 和 PyCharm 软件,以及二者的区别和作用。为帮助读者逐渐学会使用 PyCharm 软件,从本章起所有的学习内容将会在 PyCharm 中编写和运行,本章的知识结构如图 2-1 所示。

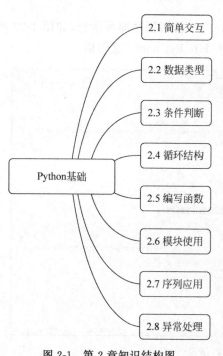

图 2-1 第 2 章知识结构图

2.1 简单交互

一个完整的程序,一般由输入、处理、输出三部分组成。输入是为获取具体问题的数据,处理是计算机用我们设计的算法解决问题的过程,输出是为了能看到处理的结果。接下来将一起编写一个简单的 Python 交互程序。

编写程序前,为方便编写代码,先新建一个空白的 Python 文件页面。打开 PyCharm,在最左侧选择项目文件夹的根目录 pythonProject,右击后执行 New→Python File 命令,如图 2-2 所示。

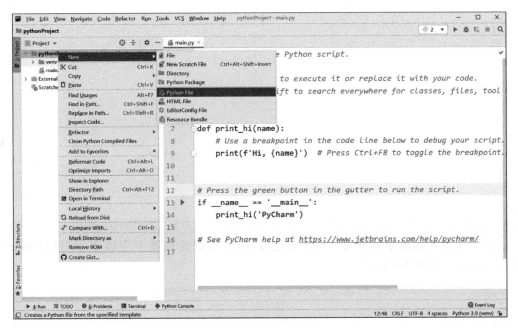

图 2-2　新建 Python 文件

勾选 Python File 后会弹出新的对话框,用来给新文件命名,如图 2-3 所示,此处取名为 2。

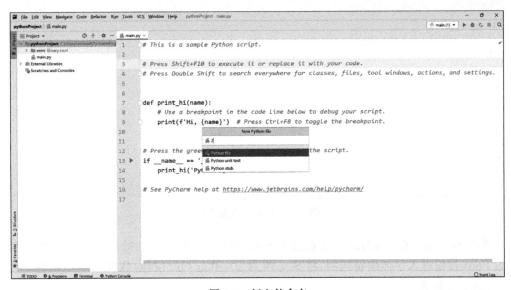

图 2-3　新文件命名

输入文件名称后 PyCharm 软件会自动加上后缀名.py,生成的 Python 文件新页面如图 2-4 所示。

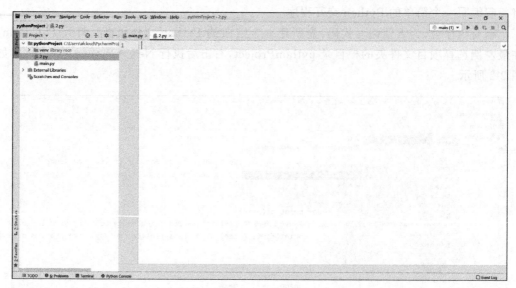

图 2-4　2.py 页面

由于软件默认的字体稍小,不方便观看,所以可以先调整下字体字号,执行 File→Settings 命令,如图 2-5 所示。

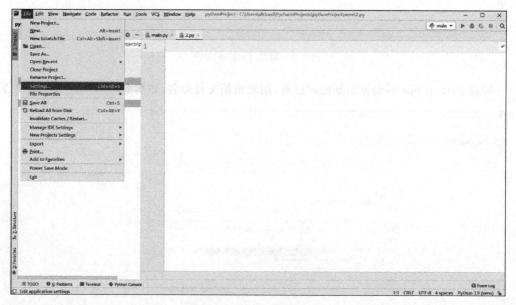

图 2-5　Python 设置选项

单击 Settings 选项后会进入设置选项界面,如图 2-6 所示。此处单击 Editor 按钮目录下的 Font 按钮进入字体编辑选项,将 Size 改为 20,单击 OK 按钮,软件会自动调整字号并返回 2.py 的页面。

页面设置好后,便可开始体验用 Python 语言编写一个简单交互的程序。程序的作用是获取键盘上输入的数字,输出它的相反数。这道题目应该如何解答呢?先来思考一下求相反数的算法(方法),这个比较简单,用 0 减去输入的数就可以得到它的相反数。具体实现

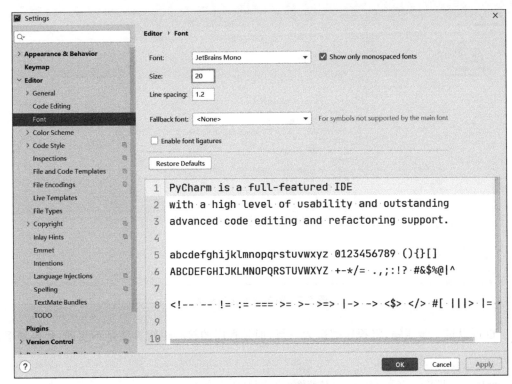

图 2-6 字体字号设置页面

过程就是输入一个数,计算它的相反数(0 减去输入数字),输出相反数,代码如下:

```
//第 2 章/求相反数
#声明一个变量 a,用 Python 内置的 input()函数获取键盘输入的字符
#input()括号内双引号之间的内容为提示语
a = input("请输入数字:")
#int()函数将输入的字符转化为整数,然后重新赋值给 a
a = int(a)
#计算 a 的相反数
a = 0 - a
#用 Python 内置的 print()函数输出结果,双引号之间的内容为提示语
print("结果是:",a)
```

在代码处右击,单击 Run '2'运行程序,结果如图 2-7 所示。注意,程序中带"#"的部分为注释,不会被计算机执行,标注出来内容帮助读者理解。同时对于 Python 来讲,放在一对三引号之间的内容也为注释,但可以同时注释多行,"#"只能注释一行。

在 Python 中多个函数可以嵌套使用,上面的程序可以改写成以下形式,将程序缩短为两行,代码如下:

```
#多个函数嵌套使用
a = 0 - int(input("请输入数字:"))
#用 Python 内置的 print()函数输出结果,双引号之间的内容为提示语
print("结果是:",a)
```

图 2-7　简单交互运行结果

也可以进一步压缩,将程序缩短为一行,但是程序的核心逻辑算法是不变的,代码如下:

```
#一步到位
print("结果是:",(0 - int(input("请输入数字:"))))
```

2.2　数据类型

2.2.1　常用数据类型

数学中为解决不同的问题,将数划分为多种类型,例如自然数、小数、正数、负数、有理数、无理数等。同样,在计算机领域,针对不同类型的问题计算机所要处理的数据类别也是不同的,这就是数据类型。

Python 中常用的数据类型有以下几种:整型、浮点型、字符串型、布尔型、列表型、元组型、字典型、集合型,这里先讲解前 5 种,其主要表现形式如表 2-1 所示。

表 2-1　Python 常用数据类型

数据类型名称	数据表现形式
整型(int)	数学中的整数,如 0、1、−1 等
浮点型(float)	数学中的小数,如 1.2、−3.4 等
字符串型(str)	用引号作为定界符,如'A'、"hello"
布尔型(bool)	只有 True/False 两种值,判定条件真假
列表型(list)	用方括号作为定界符的一组数据,如[1,2,3,'a']等

整型和数学中整数的概念基本一致,包括正整数、负整数和 0。浮点型与数学中小数的概念比较接近,但既包括正的小数也包括负的小数。字符串型可以简单理解为保存符号的

序列,用一对引号(单引号、双引号皆可)括起来。引号之间的内容既可以是单个的字符(例如"1""a""!")也可以是一个单词或者一段话。布尔型的值只有真(True)和假(False)两种,用来判断逻辑关系是否成立。列表是用方括号作为定界符的一组数据,里面的内容可以是各种类型。字符串和列表都可以遍历(对其中的所有元素按照一定的顺序访问一遍),并且可以根据索引访问其中特定的元素(查看某个特定位置的值)。

2.2.2 数据类型转换

Python 支持对变量进行强制类型转换,常见的有将整数转化为浮点数,将浮点数转换为整数,将字符型转化为整型,将整型转换为字符型。转换时只要将待转换变量放在相应的函数中即可。下面的程序中声明了 3 个变量 a、b、c,分别用来存储整型、浮点型和字符型的数据,然后进行转换。其中 type() 是查看数据类型的函数,代码如下:

```
#第 2 章/数据类型转换
a = 12
b = 1.234
c = '1'
#将整型转换为浮点型
a2 = float(a)
print(a2,type(a2))
#将浮点型转换为整型
b2 = int(b)
print(b2,type(b2))
#将字符型转换为整型
c2 = int(c)
print(c2,type(c2))
#将整型转换为字符型
c3 = str(a)
print(c3,type(c3))
```

程序执行的结果如图 2-8 所示。

图 2-8 数据类型强制转换

2.2.3 字符串常见操作

2.2.1节提到字符串可以遍历和根据索引访问,下面通过实际的程序演示一下。打开PyCharm,将 2.py 文件中上次编写的程序放在一对三引号之间注释掉,然后继续在此文件中编写代码。这样既可以保留上次编写的记录,也不影响新程序的编写,如图2-9所示。

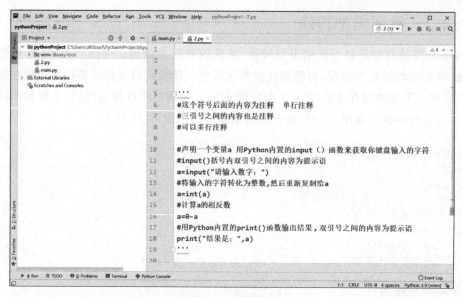

图 2-9 注释代码

声明一个变量 a,用来存储一个字符串,这里指一句话 I like reading,然后通过索引(字符串里面内容排列的序号)可以依次访问字符串中的元素。访问时只列出 a[0]～a[5],因此输出的内容只到第 6 个元素 e,如图 2-10 所示。这里需要注意,Python 中的索引全部从 0 开始。

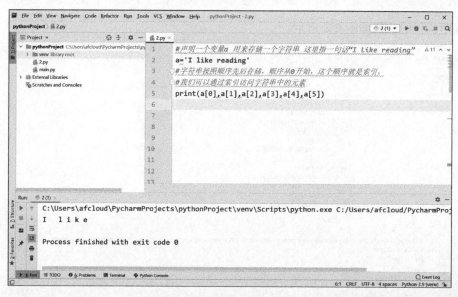

图 2-10 索引访问字符串

2.2.4 列表常见操作

列表和字符串都可以遍历,并且可以根据索引访问,根据索引访问列表的操作与字符串的操作类似。这里先声明一个变量a,用来存储一个列表,列表里面的内容包括4个数字、一个字母和一个符号,然后通过索引依次访问字符串中的元素,代码和结果如图2-11所示。

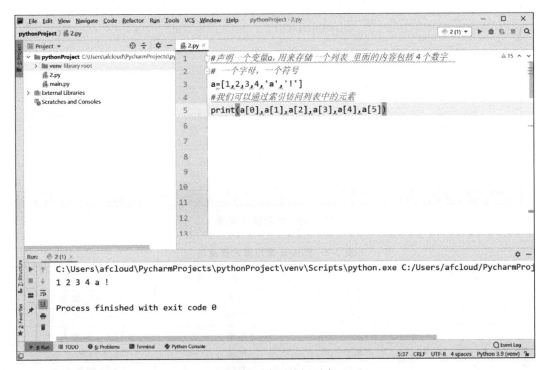

图2-11 索引访问列表

此外,除索引访问,字符串和列表都可以通过切片访问其中的一部分元素。切片的语法格式是:

<列表名>[起始索引:终点索引]

其中切片的范围包括起始值,但不包括终点值,以a[3:6]为例,切片的范围是索引3~5,对应第4~6个字符,切片的代码和执行结果如图2-12所示。

2.2.5 算术运算符和表达式

算术运算符指进行加、减、乘、除等数学运算的符号,Python中常见的算术运算符如表2-2所示。算术运算符也有优先级,优先级即计算的先后顺序,和正常数学运算基本一致。

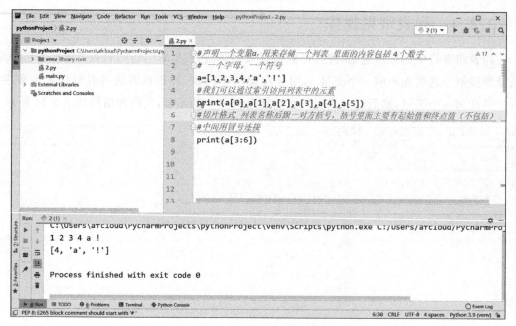

图 2-12 切片访问列表

表 2-2 Python 常用算术运算符

运算符	表达式	描述	实例
＋	x＋y	相加	12＋8 结果为 20
－	x－y	相减	12－8 结果为 4
*	x * y	相乘	12 * 8 结果为 96
/	x/y	相除	12/8 结果为 1.5
//	x//y	取整	12//8 结果为 1
%	x%y	求余	12％8 结果为 4
**	x ** y	x 的 y 次方	3 ** 2 结果为 9

2.3 条件判断

程序设计有 3 种基本的逻辑结构,即顺序结构、分支结构和循环结构。在具体的程序设计中,有时仅需要一种结构,有时需要 3 种结构相互配合使用。顺序结构是指按照解决问题的步骤依次编写代码,程序按照自上而下的顺序执行。这种结构虽然解决了计算和输出等问题,但是并不能先判断再选择执行。对于需要先判断再选择执行的问题就需要使用分支结构。同理,对于重复性的问题不可能无限制地使用顺序结构一直编写代码,需要使用循环结构构建循环,简化工作量。

在 Python 中,分支结构由 if 语句实现。分支结构可以简单地分为单分支、双分支和多分支。

单分支的语句结构为

```
if <条件>:
```

    <语句块>

它的含义是如果满足某一条件,就执行该条件下的语句块操作。这里需要注意的是 if 和它下方的语句块不是对齐的,而是差 4 个空格(或者按一次 Tab 键),在 Python 中称为缩进,是必须遵守的语法规则,缩进代表逻辑的层次关系。在 PyCharm 中换行时会自动处理缩进,但是要有意识地注意这个问题。

双分支的语句结构为

```
if <条件 1>:
    <语句块 1>
else:
    <语句块 2>
```

它的含义是如果满足条件 1,就执行该条件下语句块 1 的操作。反之则执行语句块 2 的操作,一定是二者选其一。

多分支的语句结构为

```
if <条件 1>:
    <语句块 1>
elif <条件 2>:
    <语句块 2>
elif <条件 3>:
    <语句块 3>
…
else:
    <语句块 n>
```

它的含义是如果满足条件 1,就执行条件 1 下语句块 1 的操作。如果满足条件 2,就执行条件 2 下语句块 2 的操作。以此类推,如果所有条件都不满足,就执行最后的语句块 n 的操作,也就是 n 选 1。

下面通过一个简单的程序来理解并使用多分支结构,单分支和双分支可以自己尝试。初中数学都学过分段函数,其中一个经典的问题就是出租车计费问题,这里对出租车的计费程序做一个模拟。假设出租车起步价为 12 元(3 千米及以内),3 千米以上到 50 千米及以下,每千米 2 元。50 千米以上,每千米 3 元,代码如下:

```python
# 第 2 章/2.3
# 导入数学模块,使用其中的 ceil 函数(向上取整函数,例如 3.4 取 4)
import math
# 获取输入的里程数,可能为小数,声明为浮点型
n = float(input("请输入出租车行驶的千米数:"))
# 向上取整
n = math.ceil(n)
# 开始计算,s 代表总费用
if n <= 3:
    print(12)
elif n > 3 and n <= 50:
    print(12 + (n - 3) * 2)
else:
    print(12 + 47 * 2 + (n - 50) * 3)
```

运行结果如图 2-13 所示。

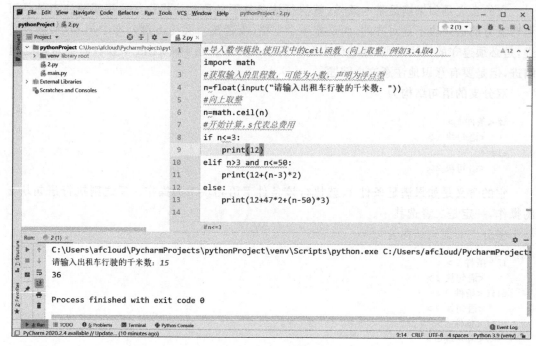

图 2-13　多分支程序

2.4　循环结构

2.3 节讲解了顺序、分支、循环三者的区别和作用,本节开始重点讲解循环结构。Python 中总计有两种循环结构,一种是 for 循环,另一种是 while 循环。for 循环适用于循环次数明确的循环,while 循环适用于循环次数不定且有条件的循环,下面分别进行讲解。

2.4.1　for 循环

for 循环通过遍历某一序列对象来构建循环,循环结束的条件是对象遍历完成,语句格式为

```
for <变量> in <序列>:
    <循环体>
```

2.2.1 节讲过的字符串和列表其实也属于序列,借用前面讲过的例子。假定有一个列表 a,其中有 5 个元素。如果要遍历并输出其中的各个元素,需要两行代码即可:for i in a 和 print(i),这两行代码可以简单地解释为依次浏览序列 a 中的每个元素 i,输出 i。因为 for 循环会依次访问序列 a 中的元素,所以每次 i 的值都不同,依次输出 i 就可以将 a 中的元素全部输出,代码如下:

```
a=[1,2,3,'a','!']
for i in a:
    print(i)
```

程序执行的结果如图 2-14 所示。

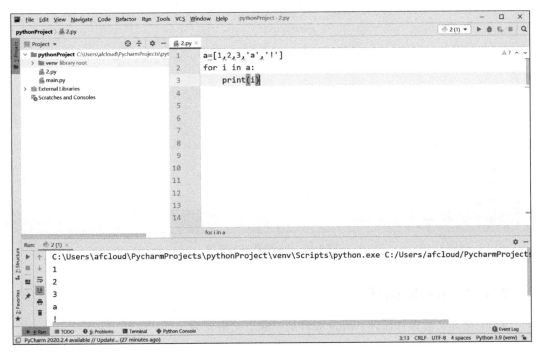

图 2-14　for 循环遍历列表

2.2.1 节提到过列表和字符串可以被遍历和被索引访问,上面采用的遍历方式是直接遍历访问,也可以通过构建索引的方式间接访问。这里采用 Python 自带的 range() 函数来构建数字序列,然后根据序列中数字的序号访问 a 中的元素,代码如下:

```
#第2章/2.4.1
a=[1,2,3,'a','!']
#len(a)是 Python 内置的函数,其作用是求列表 a 的长度,此处长度为 5
#range()函数的作用是构建数字序列,有 3 个参数,即起始值、终止值和间距
#起始值的默认值为 0,间距的默认值为 1,这里构建 0~5(不包括 5)的数字序列
#然后通过索引访问 a,为了帮助看清楚索引的值,同时输出索引值和 a 的值
for i in range(len(a)):
    print(i,a[i])
```

输出的结果是将每个元素的索引和值全部输出,如图 2-15 所示。列表 a 中,索引 0(索引从 0 开始,实际是第 1 个值)位置的值为 1,索引 1 位置的值为 2,索引 2 位置的值为 3,索引 3 位置的值为 'a',索引 4 位置的值为 '!'。当然也可以用 Python 自带的 enumerate() 函数,这里暂不讲解,需要的话可自行百度,使用方法也很简单。

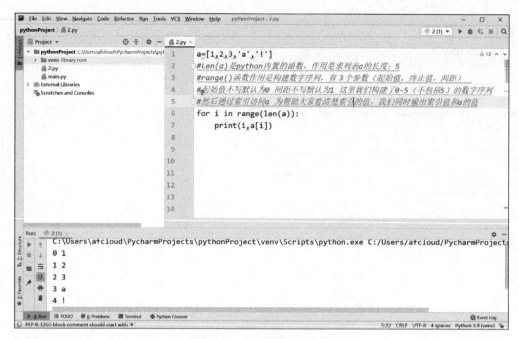

图 2-15　for 循环遍历列表

2.4.2　while 循环

while 循环又称条件循环，while 循环的一般语句格式为

```
while <条件>:
    <循环体>
```

它的含义是当条件判断为 True 时执行循环体，当条件判断为 False 时退出循环。若条件一直为真，则循环体一直执行，这种循环称为死循环。为避免程序成为死循环，循环体中一定要包含改变程序循环条件的语句。有两个语句经常与 while 循环配合使用，分别是 continue 语句和 break 语句。continue 语句的作用是只结束此次循环，不再执行下面的语句，直接去判断执行下一次。break 语句的作用是直接结束当前循环。下面来模拟一下经典的账号密码登录程序来帮助理解，代码如下：

```
#第2章/2.4.2
#声明两个变量 zh 和 mm,分别代表账号和密码,初始值为空
#系统默认的账号和密码分别为 Apple 和 123456
zh = ''
mm = ''
while True:
    #账号错误,重新输入
    if zh!= 'apple':
        zh = input("请输入账号:")
        #输入新的账号后,结束本次循环,进行一次判断
        continue
```

```
#continue 以下的语句不会被执行
if mm!= '123456':
    mm = input("请输入密码:")
else:
    print("欢迎登录!")
    break
```

程序运行结果如图 2-16 所示,当账号输入错误时,程序会提示重新输入账号,直到正确为止。账号正确再让输入密码,密码也是重复输入,直到正确为止。全部正确会给出提示,然后结束程序。

图 2-16　while 循环示例程序

2.5　编写函数

Python 中的函数分为两种,一种是内置函数,另一种是自定义函数。内置函数是 Python 本身自带的,可以直接使用,包括之前用过的 print()、input()、int()、float()、len()等,当然还有其他的一些内置函数,如图 2-17 所示。

除此之外,Python 还内置了 math 模块,该模块提供了很多数学方面的专用函数,例如三角函数、乘方、开方、指数、对数等,如图 2-18 所示。

这一类的函数一般通过函数名加括号(括号里提供参数)即可调用,例如最简单的输出函数就是通过这种方式调用的。

<函数名>([参数列表])

```
print("我是打印函数!")
```

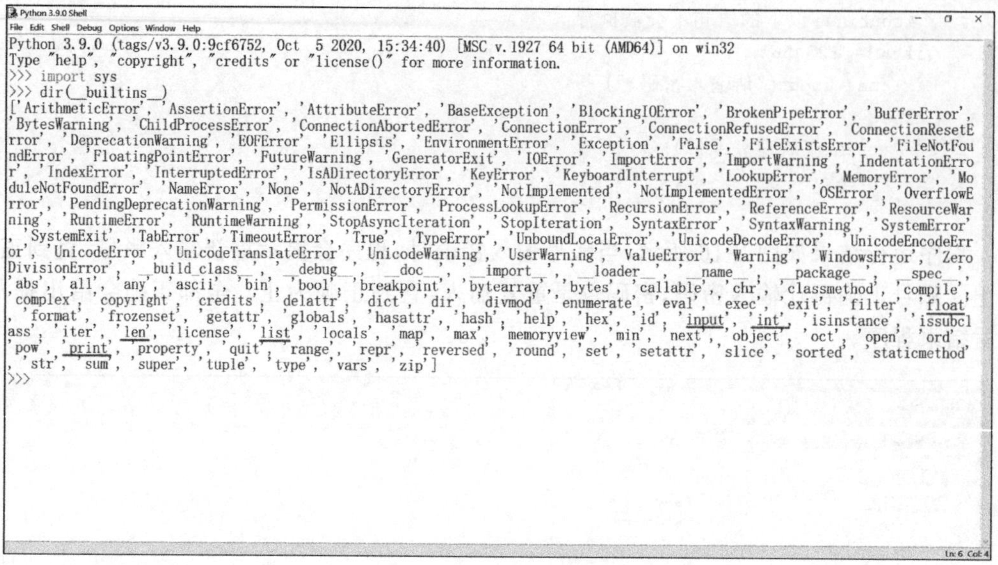

图 2-17 Python 内置函数

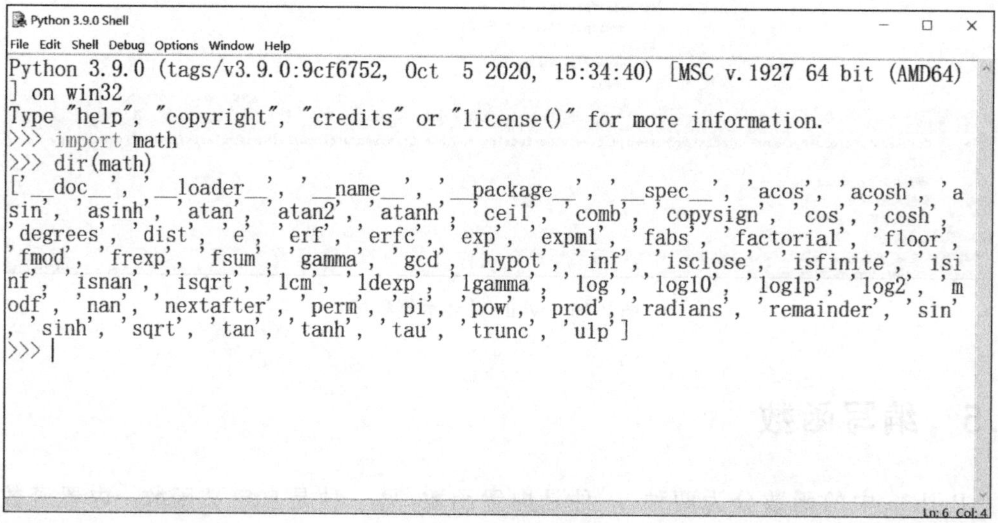

图 2-18 math 内置函数

自定义函数是指需要自己去设计的函数,在面对实际问题时,很多时候已有的数学公式并不完全适用,需要有针对性地改造和创新。例如 2.3 节例子中讲过的出租车分段计费问题,问题很简单,但是没有固定的数学公式可以直接计算,需要自己来设定参数及设计公式,然后通过提供参数调用公式得到问题的解。

自定义函数的语法格式如下,其中参数列表和返回值可有可无,根据具体情况而定:

```
def <函数名>([参数列表]):
    <函数体>
[return<返回值>]
```

接下来将出租车计费问题的程序改造成自定义函数,并展现调用过程。编写完自定义

函数后,使用的时候只需通过函数名调用,再给出参数,程序就会自动运行函数进行计算,代码如下:

```python
#第2章/2.5
#导入数学模块,使用其中的ceil函数(向上取整,例如3.4取4)
import math
#自定义一个打车计费函数,名称为dache(打车)
def dache(n):
    #向上取整
    n = math.ceil(n)
    #开始计算,s代表总费用
    if n <= 3:
        print(12)
    elif n > 3 and n <= 50:
        print(12 + (n - 3) * 2)
    else:
        print(12 + 47 * 2 + (n - 50) * 3)
dache(1.5)
dache(4)
dache(100)
```

运行结果如图 2-19 所示。

图 2-19 函数调用

2.6 模块使用

2.6.1 模块的概念

使用函数的好处是函数可以和主程序相互分离,使主程序的代码逻辑更清晰简单。

一般一个大的软件系统通常是由多个功能模块集合在一起的,代码量很大。如果全部写在一起,当出现问题时,则很难查找。采取分离式设计可以帮助快速定位问题,进行维护及修改。

目前各个行业分工逐渐精细化,每个人工作的内容、面临的问题可能都不完全相同,因此很多工作上的问题需要自定义函数、创造性地去解决。随着时间的积累,可能会积累多个函数。每次使用都要复制一遍很麻烦,因此可以用模块的方式进行管理。

Python 中有几个很有用的概念,依次是模块、包、库。模块就是将一些常用变量函数封装成一个单独的. py 文件,每次需要使用里面的函数时只要导入后直接调用"模块名. 函数名"就可以访问,类似于直接调用 Python 的内置函数,非常方便。同理,当有很多模块的时候可以把同类型的模块放在同一个文件夹中进行有序管理,这就是包。

随着问题规模的增大,解决某一领域的问题可能需要多个包或者多个模块相互配合,这时这些模块或者包组成的统一整体就是库。Python 有很多强大的第三方开源库,使用这些库能很方便地解决某些领域的问题。

2.6.2　模块的使用

使用模块中的函数的格式如下:

```
import <模块>[as <别名>]
<模块>.<函数名>()
```

有时为了节约内存,可能不想导入整个模块,只想导入需要使用的函数,这个时候可以单独导入函数,格式如下:

```
from <模块> import <函数名>
<函数名>()
```

举个例子,想生成 10 个 1~10 的随机数并输出,代码如下:

```
#第 2 章/2.6.2
#导入随机模块
import random
for i in range(10):
    #调用 random 模块中的 randint()函数,生成 1~10 的随机数
    #括号中的(1-10)是参数,用来控制随机数的范围
    a = random.randint(1,10)
    #输出结果 end = ',' 这句话的作用是输出后再输出一个逗号,不换行
    print(a,end = ',')
```

程序运行结果如图 2-20 所示。

这种方式是导入整个 random 模块,如果想节约空间,可以只导入其中的 randint()函数,程序及结果如图 2-21 所示。

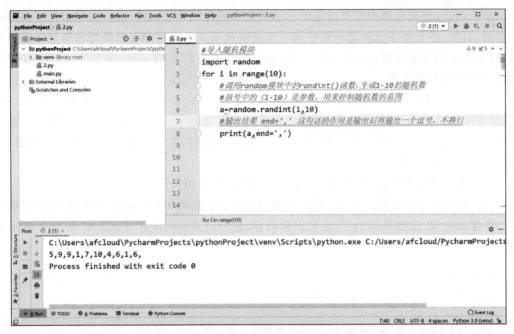

图 2-20　调用随机函数

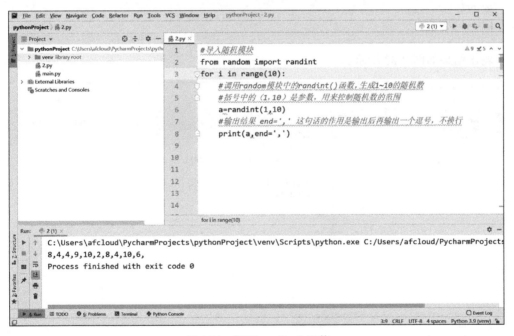

图 2-21　调用 randint()函数

2.7　序列应用

　　序列指的是一块可存放多个值的连续内存空间,这些值按一定顺序排列,可通过每个值所在位置的编号(称为索引)访问它们。

举个例子,现实生活中图书馆里的书都是按照名称序号依次排列的,查找的时候只需根据类别、名称、拼音顺序或者笔画顺序就可以很快找到。序列也可以理解为书架上一排连续的书,序列中的每个元素占书架上的一格,每个格子都有特定的序号,找书的时候可以直接通过序号(索引)来查找。

在 Python 中,序列类型包括字符串、列表、元组、集合和字典,这些序列都支持增、查、改、删等常用操作,但比较特殊的是,集合和字典不支持索引、切片、相加和相乘操作。这里主要讲解列表,因为字符串和元组的操作与列表基本相同,字典和集合暂时用到的不多,后面提供一个比较的表格。

列表的常见操作有新建、增加值、删除值、更改值、遍历。

(1)新建列表有 3 种方式,分别是新建空列表、新建有内容的列表、用列表推导式赋初值。新建的列表,内容可以为空,也可以有内容,还可以采用列表推导式赋初值,3 种新建方式的代码如下:

```
#第 2 章/2.7
ls1 = [ ]
ls2 = [1,2,3]
ls3 = [i * i for i in range(10)]
print(ls1)
print(ls2)
print(ls3)
```

输出结果如图 2-22 所示。

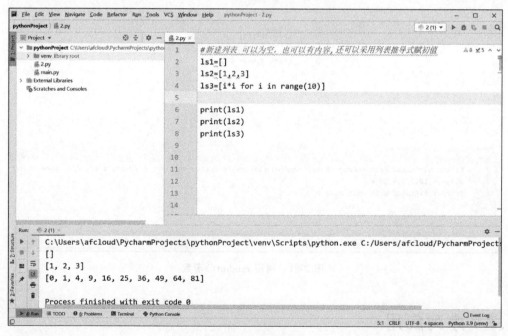

图 2-22 新建列表

（2）列表新增内容比较简单，用 Python 提供的 append() 方法即可。对上述 ls1 新增一个元素数值 100，代码如下：

```
Ls1.append(100)
```

结果如图 2-23 所示。

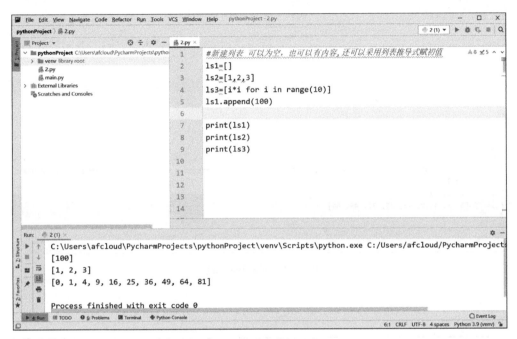

图 2-23　列表增加元素

（3）将上面列表 ls3 中的值 81 删除，代码如下：

```
ls3.remove(81)
```

结果如图 2-24 所示。

（4）更改列表中元素的值可以通过索引的方式更改，例如想要将 ls1 中的 100 改为 200，代码如下：

```
ls1[0] = 200
```

结果如图 2-25 所示。

（5）列表的遍历没有太好的方法，一般通过前面讲解过的 for 循环来遍历，但是判断一个元素是否在列表中有快捷的方法，可以调用列表内置的 in 方法。判断 300 在不在 ls1 中，代码如下：

```
if 300 in ls1:
    print("Yes")
else:
    print("No")
```

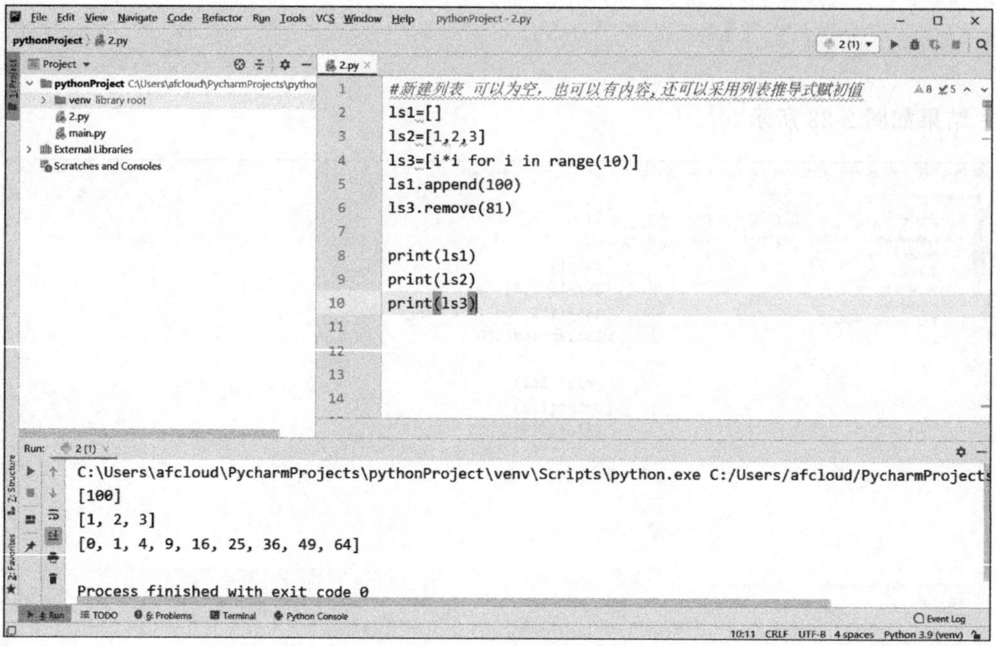

图 2-24 列表删除元素

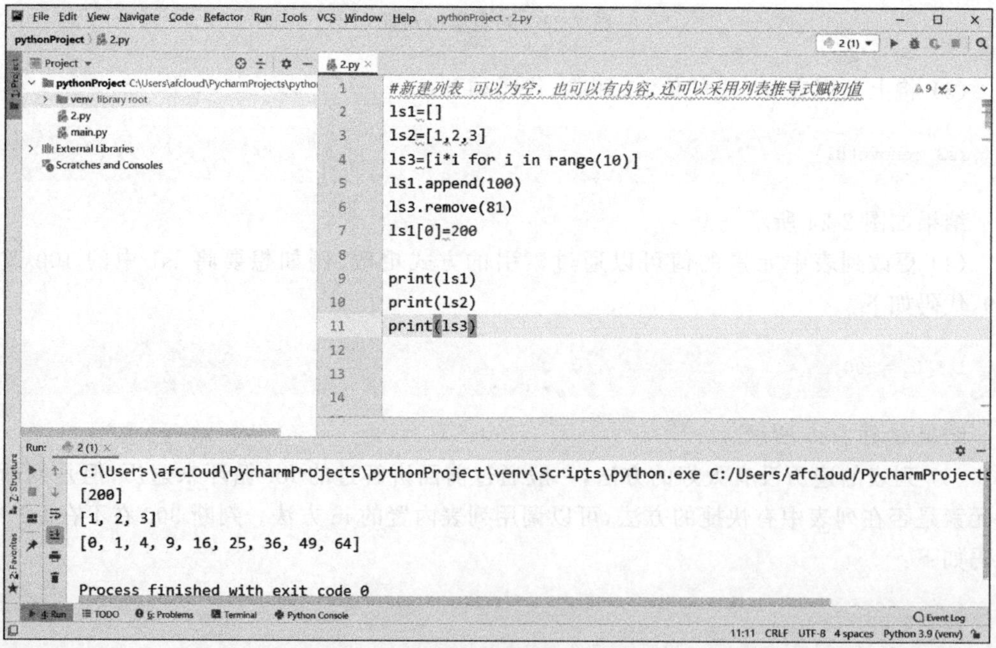

图 2-25 列表更改元素值

结果如图 2-26 所示。

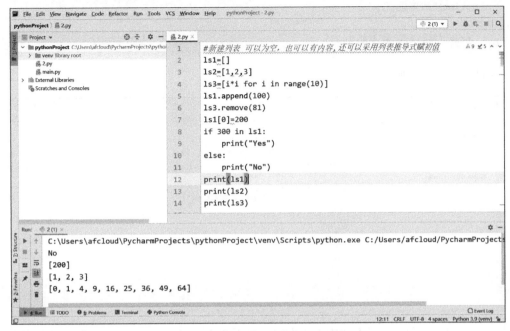

图 2-26　判断某一元素是否在列表中

2.8　异常处理

由于设计程序时考虑不全或者外界新情况的出现，程序执行过程中很可能因为特异性数据或者其他原因导致程序出现 Bug 乃至崩溃。2.5 节讲解函数时讲到，函数和主程序分离便于维护，能帮助快速定位问题。如果知道哪里有问题，又暂时无法完全避免，则可以尝试使用 try…except…语句进行异常处理，从而规避问题或者给出提示信息。

它的语法为

```
try:
    <语句块 1>
except:
    <语句块 2>
```

它的含义是程序运行到这里先执行语句块 1，如果顺利，则不执行 except 语句。如果发生错误，则执行语句块 2。

下面以除法计算程序为例进行讲解。在除法中除数不能为 0，如果除数为 0，则无法计算，会发生错误，所以采用 try…except…语句进行处理。如果除数不为 0，则正常计算；如果发生错误，则给出错误信息，代码如下：

```
#第2章/2.8
a = float(input("请输入被除数:"))
b = float(input("请输入除数:"))
```

```
try:
    print("结果是:",a/b)
except:
    print("错误,除数不能为0")
```

结果如图 2-27 所示。

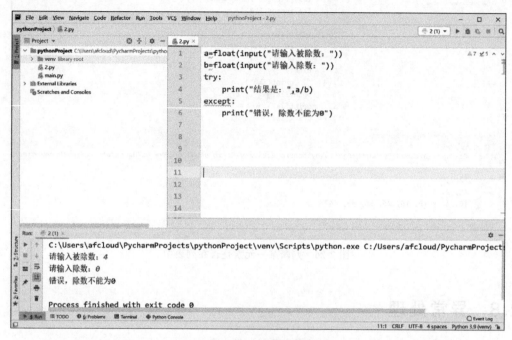

图 2-27 异常处理

在实际开发过程中或者系统运行过程中可能会出现非常复杂的错误,例如超时、内存超限、函数调用错误等,这时很难去准确找到错误,而且有些错误不是由于设计缺陷引起的,而是由于复杂的网络环境和软硬件条件导致的,这时利用异常处理可以节约时间,有效处理问题。

第 3 章 算 法 探 究

数据和算法是信息时代计算机领域的核心概念,计算机解决问题的过程就是依据一定的步骤和方法对数据进行各种运算,最后得到满意结果及输出的过程。正因如此,算法在计算机领域占据着非常重要的地位。计算机领域的算法既包括传统数学中的算法精华,还包括计算机领域一些特定的数值处理方法。算法在算法竞赛中用得较多,也沉淀下来很多经典的算法。例如枚举算法、递推算法、递归算法、贪心算法、分治算法、探索回溯算法、动态规划算法等。由于本书面向的读者并非专业的信息学竞赛者,因此本章所讲解的算法主要以普及概念和强化前面所学知识为目的。具体内容可以分为三部分:第一部分讲解计算机常规的数值和字符处理方法;第二部分讲解简单算法,包含枚举和排序算法;第三部分通过两道题目简单讲解递推算法和贪心算法,让读者体验复杂算法的魅力,其余的算法读者如果感兴趣可以自行查阅。

3.1 序列求和

已知:$S_n=1+1/2+1/3+\cdots+1/n$(S_n 代表前 n 项和)。显然对于任意一个整数 k,当 n 足够大的时候,S_n 大于 k。现给出一个整数 k($1 \leqslant k \leqslant 15$),要求计算出一个最小的 n,使 $S_n > k$。

分析:数列中的每一项的形式都为 $1/n$,因此可声明一个变量 S_n 存储每次相加的结果,然后用 S_n 和 k 比较即可,如果 S_n 大于 k,则返回 n 即可,代码如下:

```
//第3章/3.1
k = int(input("请输入整数k:"))
Sn = 0
i = 1
while True:
    Sn = Sn + 1.0/i
    if Sn > k:
        print(i)
        #结束循环
        break
    else:
        #推导下一个数的分母
        i = i + 1
```

程序运行的结果如图 3-1 所示。

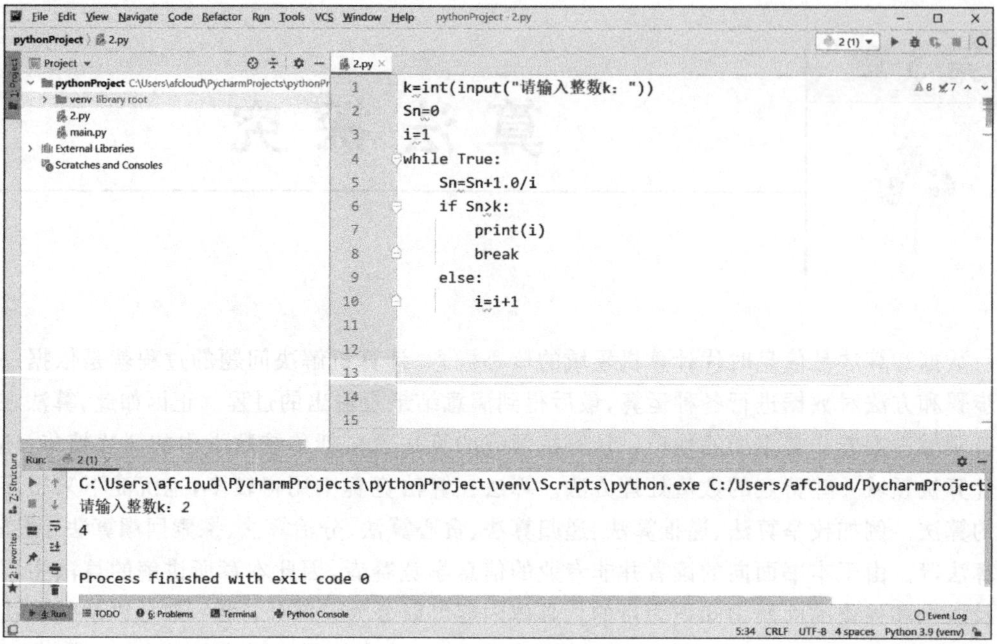

图 3-1 序列求和执行结果

3.2 水仙花数

题目：水仙花数是指一个三位数，它各个数位上数字的立方和等于它本身，例如 153＝$1^3＋5^3＋3^3$，现在请编写程序找出所有的水仙花数。

分析：水仙花数是一道经典的数位分离题目，对数据进行处理的时候，有时需要摘取它各个数位的数进行计算，那么如何分离呢？这就要需要用到第 2 章学过的算术运算符。

Python 常见的算术运算符有"＋""－""×""/""%""//"，这里要用到的运算符主要为求余(％)、取整(//)这两个运算符。对于任意的一个三位数 a，取百位数字就是用 a 除以100，得到的整数部分就是百位数字。个位数字的求法就是用 a 除以 10，最后剩下的余数就是个位数字。十位数字的求法比较灵活，可以用 a 除以 100，将所得的余数再除以 10 取整，也可以用 a 除以 10，将所得的整数部分再对 10 求余，所得的余数就是十位数字。程序的代码如下：

```
//第 3 章/3.2
for i in range(100,1000):
    #求百位数字 a
    a = i//100
    #求十位数字 b
    b = i%100//10
    #求个位数字 c
    c = i%10
```

```
#判断是否符合条件
    if a**3+b**3+c**3==i:
        print(i)
```

程序执行的结果如图 3-2 所示,最后找到的水仙花数共 4 个,分别是 153、370、371、407。希望通过此道题目,使读者能够理解和掌握如何分离任意一个数字的各个数位。

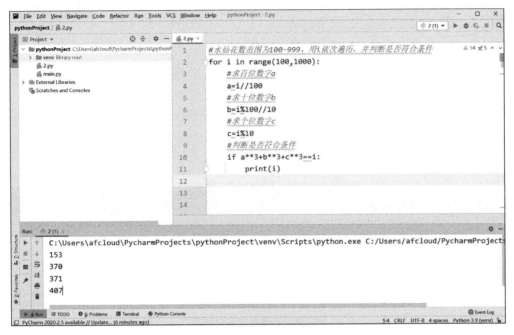

图 3-2　水仙花数执行结果

3.3　字符统计

题目:输入一段英文,分别统计其中数字、英文字母和其他符号的个数。

分析:这道题需要声明一个字符串变量,用来存储输入的内容,而后遍历,依次判断每个字符属于哪一种,然后分别计数。程序代码如下:

```
//第 3 章/3.3
#声明变量 n,用于存储输入的字符串
n = input("请输入一段英文:")
#声明 3 个变量,分别用来存储数字、字母、其他符号出现的次数
a,b,c = 0,0,0
for i in n:
    if i >= "0" and i <= "9":
        a = a + 1
    elif (i >= "A" and i <= "Z") or (i >= "a" and i <= "z"):
        b = b + 1
    else:
        c = c + 1
```

```
print("数字个数:",a)
print("字母个数:",b)
print("其他符号个数:",c)
```

程序运行的结果如图 3-3 所示。

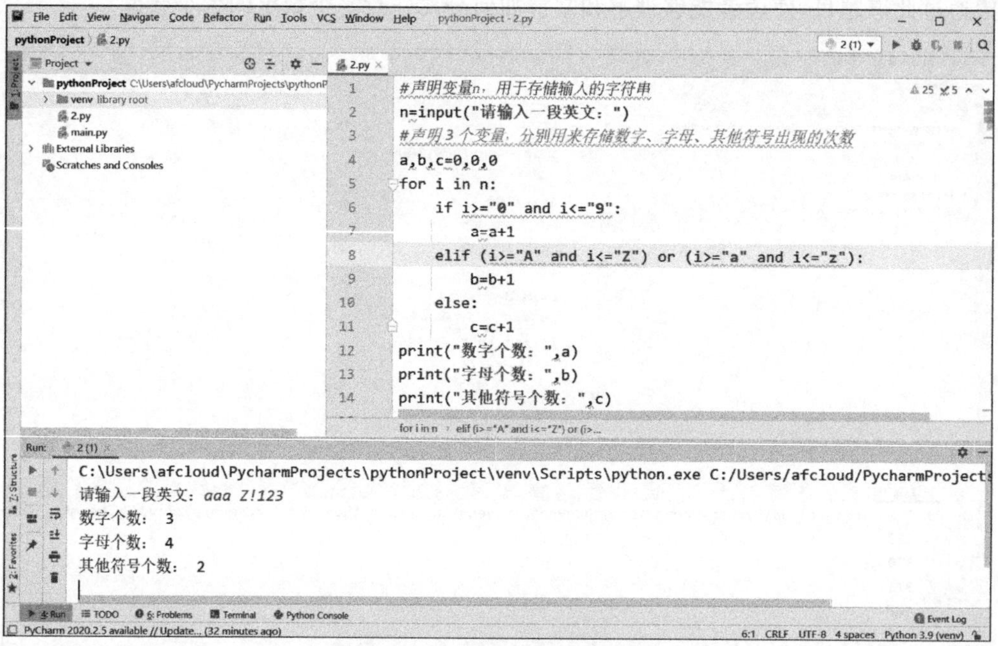

图 3-3　字符统计执行结果

3.4　鸡兔同笼

题目：数学中经典的"鸡兔同笼"问题，已知笼子中同时装有一些鸡和兔子，现在请输入两个数 m、n，分别代表笼子中头和脚的个数，求笼中的鸡和兔子各有多少只？

分析：假设有 a 只鸡，有 b 只兔子。那么 a 和 b 一定为小于或等于 m 的数，同时需要满足 $a+b=m$ 和 $2\times a+4\times b=n$，代码如下：

```
m = int(input("请输入头的数量:"))
n = int(input("请输入脚的数量:"))
for a in range(m + 1):
    for b in range(m + 1):
        if a + b == m and a * 2 + 4 * b == n:
            print("鸡:",a,"兔子:",b)
```

程序的执行结果如图 3-4 所示。

鸡兔同笼题目实际上是一道枚举算法的题目，枚举算法本质上就是列举出所有可能的解，然后逐个判断是否是需要的答案。实际上除鸡兔同笼还有很多问题应用枚举的思想，例如密码暴力破解、方程组求解、人民币组合凑数、钥匙开锁等。

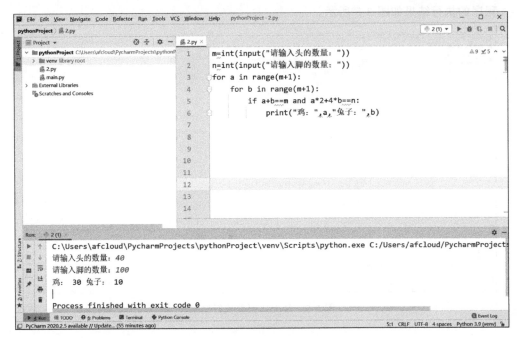

图 3-4　鸡兔同笼执行结果

3.5　最大质因数

题目：已知正整数 n 是两个不同质数的乘积，输入 n，试求出较大的那个质数。

分析：这道题要找到 n 的因子 a，然后判断 a 是不是质数并且是最大的质数，所以可以利用枚举思想，从 $n-1$ 开始反向列举，逐一检验，直到找到有效解，如果找不到，则输出提示信息。同时题目要找最大质因数，这里可以结合前面学过的函数知识，自定义一个函数，用来判断是否为质数（除 1 和它本身，不能被任何数整除）。程序代码如下：

```
//第3章/3.5
#自定义判断质数函数
#如果是质数,则返回1；如果不是质数,则返回0
def zhishu(n):
    for i in range(2,n):
        if n % i == 0:
            return 0
    return 1

m = int(input("请输入一个正整数:"))
#反向逐一列举,如果找到答案,则结束

for i in range(m-1,2,-1):
    #判断:既是因数又是质数
    if m % i == 0 and zhishu(i) == 1:
        print(i)
        break
```

程序的执行结果如图 3-5 所示。

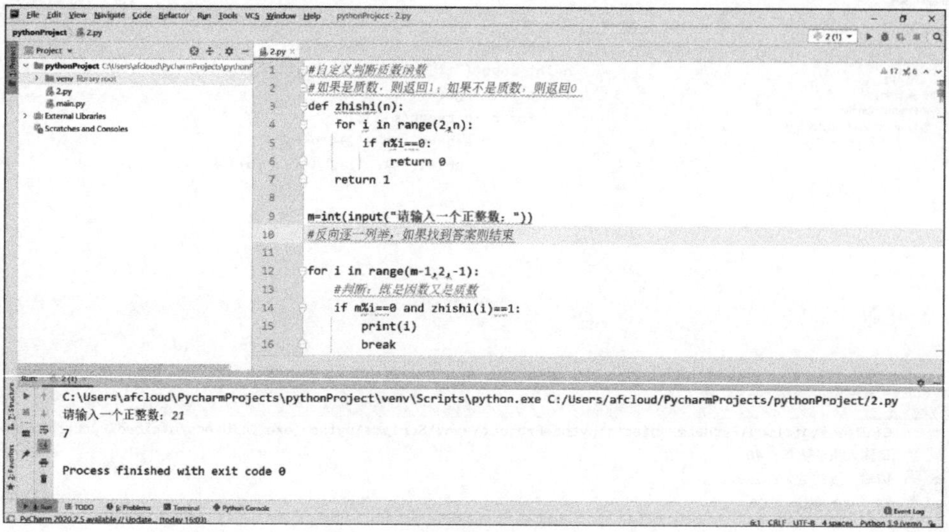

图 3-5　最大质因数执行结果

3.6　排序算法

题目：请输入 10 个数字，数字之间以空格分隔，代表某次考试 10 个同学的分数，现请将分数按照从大到小的顺序输出。

分析：由于输入的数字中间有空格，所以肯定不能直接作为数字来处理，需要用字符串来存储。存储后还需要将输入的字符转化为数字，而后再进行排序。转化的程序代码如下：

```
//第 3 章/3.6/字符串转数字列表
#声明字符串变量 a,用于存储输入的字符,并用 split 方法去掉空格
#去掉空格后将 a 转换为列表类型,里面存储的内容为字符型的数字
a = input().split()
print(a)
#字符型数字需要转换为整型,这样才可以进一步排序
a = list(map(int,a))
print(a)
```

程序的执行结果如图 3-6 所示，经过转化后列表 a 中的数据已经变成 3 个整数，可以进行下一步排序操作。

排序的方法有很多，例如选择排序、插入排序、冒泡排序等。这里介绍两种方法，一种是 Python 自带的排序方法，另一种是选择排序法。

方法一：采用 Python 自带的 sorted()方法排序，代码如下：

```
#将输入的字符串转换为整数列表
a = list(map(int,input("请输入 10 个数,之间以空格分隔:").split()))
#调用内置的 sorted 方法排序,reverse = True 表示从大到小排序
print(sorted(a,reverse = True))
```

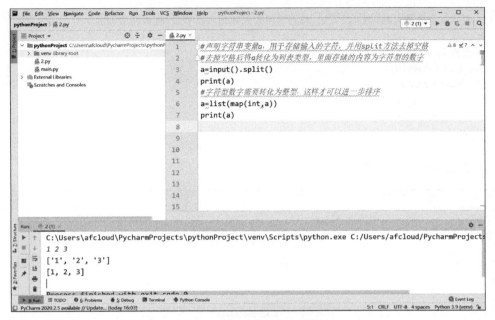

图 3-6　字符转数字执行结果

程序运行的效果如图 3-7 所示。

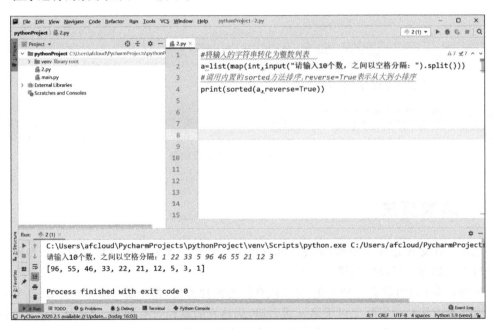

图 3-7　sorted 排序执行结果

方法二：采用选择排序法，代码如下：

```
//第 3 章/3.6/选择排序
#将输入的字符串转换为整数列表
a = list(map(int,input("请输入 10 个数,之间以空格分隔:").split()))
```

```
#查找 a 中的最大数,用 max 方法,找到后将较大数加入新列表,将原列表删除
b = [ ]
#查找 10 次
for i in range(10):
    maxi = max(a)
    b.append(maxi)
    a.remove(maxi)
print(b)
```

程序的执行结果如图 3-8 所示。

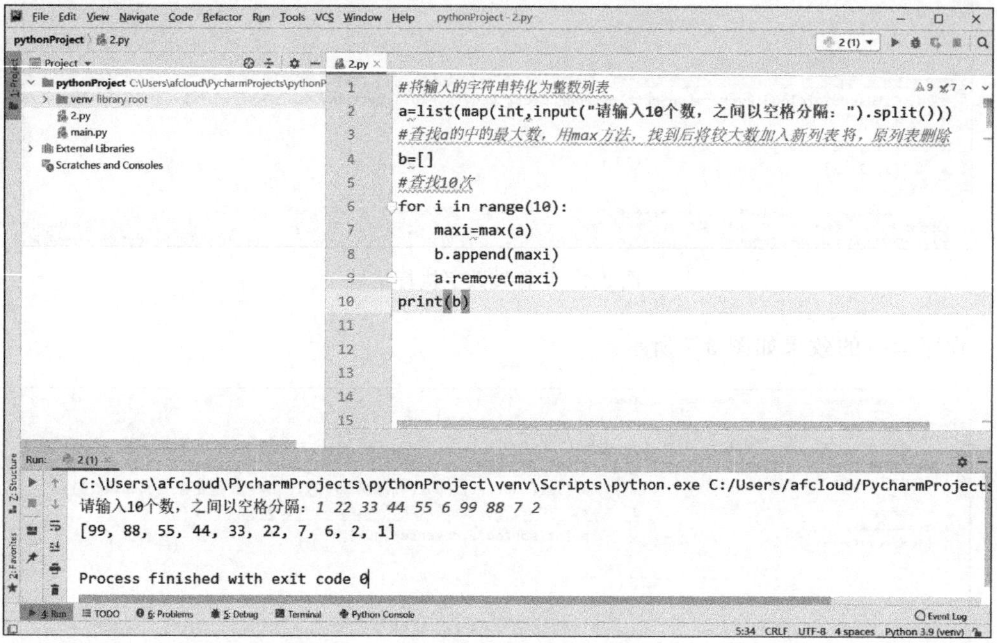

图 3-8 选择排序法的执行结果

3.7 递推算法

题目:假设 A 正在爬楼梯,需要 n 阶才能到达楼顶。A 每次可以爬 1 或 2 个台阶。有多少种不同的方法可以爬到楼顶呢?

分析:爬 1 级台阶有 1 种方法,爬 2 级台阶有两种方法,爬 3 级台阶有 3 种方法,爬 4 级台阶有 5 种方法……实际上对于第 n 级台阶,到达它的途径只有两种,要么从 $n-1$ 级台阶迈一步,要么从 $n-2$ 迈一步,因此到达 n 的方法恰好等于到 $n-1$ 和 $n-2$ 的方法数量之和。得到这个结论,可以先返回去验算,验算无误后说明这是一个递推问题。只要知道前两项,就可以递推出第 n 项,代码如下:

```
//第 3 章/3.7
n = int(input("请输入台阶数:"))
if n <= 2:
```

```
        print(n)
else:
    a = 1
    b = 2
    for i in range(3, n + 1):
        c = a + b
        a = b
        b = c
    print(b)
```

程序执行的效果如图 3-9 所示。

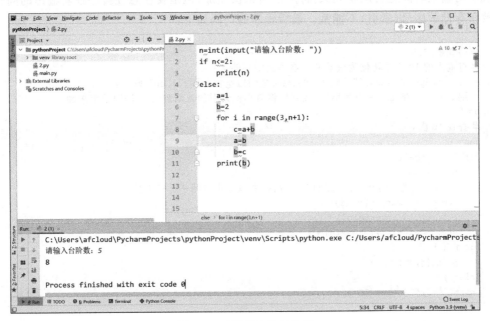

图 3-9　递推算法执行结果

递推算法充分发挥了计算机的计算优势,避开求通项公式的烦恼。竞赛中有很多数学问题可以用递推算法来解决,例如斐波那契数列、汉诺塔问题、骨牌铺法问题、平面分割问题等,有兴趣的读者可以进一步探究。

3.8　贪心算法

题目：有 10 个人在一个水龙头前排队接水,假如每个人接水的时间为 T_i,请编程找出这 10 个人排队的一种顺序,使 10 个人的平均等待时间最小。输入 10 个数字,这 10 个数字分别表示第 1 个人到第 10 个人每人的接水时间 $T_1, T_2, \cdots, T_{10}$,每个数据之间有一个空格。输出文件有两行,第一行为一种排队顺序,即 1~10 的一种排列。第二行为这种排列方案下的平均等待时间(输出结果精确到小数点后两位)。

输入样例

```
56 12 1 99 1000 234 33 55 99 812
```

输出样例

```
3 2 7 8 1 4 9 6 10 5
291.90
```

分析：这是一道典型的贪心算法问题，实际上贪心算法并不是一种具体的算法，只是一种数学思想，即在对问题求解时，总是做出在当前看来是最好的选择。也就是说，不从整体最优上加以考虑，算法得到的是在某种意义上的局部最优解。根据经验和对样例数据的分析可知，如果想让整体等待时间最短，就要让等待时间少的人先接水，因此这道题的关键就变成了对输入时间进行从小到大排序，然后依次相加，但是要注意在排序或者输出的同时原来数字存储的序号（索引）不能乱。最后程序的代码如下：

```python
//第 3 章/3.8
#将输入的 10 个数转化为整数并放在列表中存储
a = list(map(int,input("请输入 10 个数,之间以空格分隔:").split()))
#用 min 方法查找 a 中的最小值,找到后将最小值索引加入新列表 b,同时数值求和
b = []
#查找 10 次
sum = 0
for i in range(10):
    mini = min(a)
    #每个人接水的同时,后面的人要等待,所以接水时间 * 等待人数
    sum = sum + mini * (9 - i)
    b.append(a.index(mini) + 1)
    a[a.index(mini)] = max(a) + 1
for j in b:
    print(j,end = ' ')
print()
print("%.2f" % (sum/10))
```

程序执行的效果如图 3-10 所示。

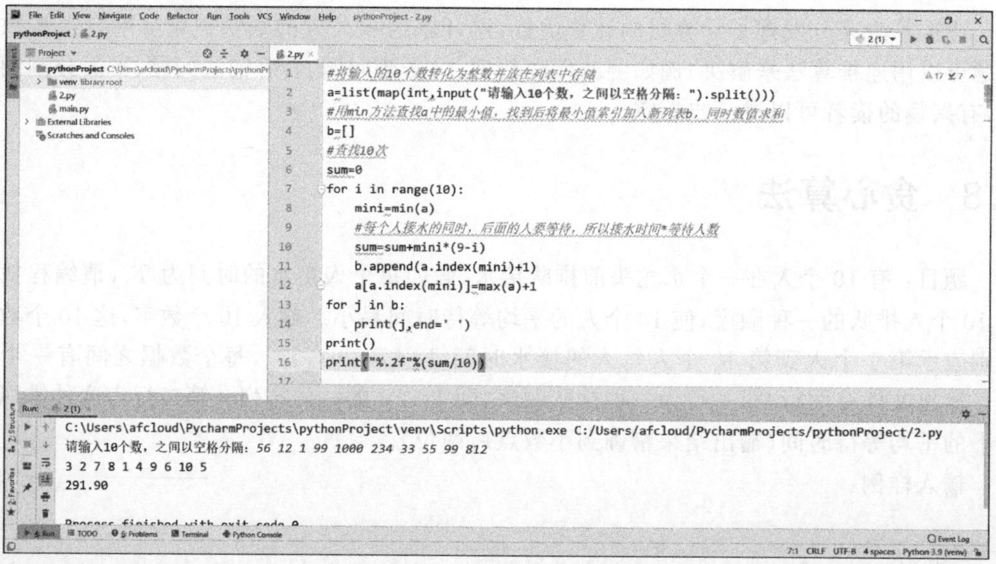

图 3-10 贪心算法执行结果

第二篇 略有小成

第二篇 青少小說

第 4 章 数据分析可视化

数据分析与可视化这两个词的关系十分紧密，既相互联系又有所区别，经常被一起拿出来使用。数据分析就是研究者根据一定的需求和预设，通过对收集来的数据进行规范、转换、分类、汇总、计算，最终找到研究对象内在的联系，以便帮助研究者和管理者进行判断和决策，而如何将数据分析的过程和结论直观地展示给其他人看就涉及可视化的问题了。

数据分析根据分析目的可以分为 4 种。第 1 种叫作描述性分析，就是把得到的数据结果直接展示出来（如数值、平均值、极差、最大值、最小值、方差、众数、协方差等）。第 2 种叫作探索性分析，这种分析一般根据一定的预设去尝试寻找数据之间的联系，但结果究竟如何不确定（如尝试建立回归方程、分析个别变量间是否存在相关关系等）。第 3 种叫作验证性分析，即研究者已经明确数据间可能存在某种联系，要通过数据来验证联系的有无及多少（如相关分析、偏相关分析等）。第 4 种叫作预测分析，即根据历史数据的特征，判断未来数据的变化趋势（如消费、营业数据预测、流量预测、天气预测等）。

数据分析一般会涉及以下几个过程：收集数据、处理数据、分析数据、展现数据、撰写报告。收集数据，即根据研究目的去收集有用的数据，有些数据可以直接得到，如自家已有数据，有些数据则可以设计问卷通过网络填报获取，还有些数据需要从第三方处查阅，如行业研究报告、国家统计局数据等。数据处理是指收集到的数据可能存在乱填、重复、缺失、格式错乱、数值超限等问题，需要对数据进行二次转化，转换为自己可以使用的数据。数据分析则根据自己的分析目的，采用一定的分析方法和分析工具去处理数据的过程。例如常见的有求和、求差、求平均值、求相关系数等。展现数据则是把上一步数据分析的结果用精美的图表展现出来，使研究者和决策者能简单直观地看懂。分析报告就是对自己整个的数据处理过程和处理结果做成图文并茂的阐述，并附上自己分析得到的结论及相应的建议。

一般数据分析工具会同时具备一定的可视化能力，本章将从一个使用者的角度，简单介绍并讲解常见的数据分析及可视化工具。同时由于本书重在 Python 开发，因此在 Python 数据分析可视化方面会重点讲解，在非编程领域的数据分析可视化工具方面仅抛砖引玉做简单介绍，希望感兴趣的读者自行查阅。

4.1 数据分析工具

从使用需求来讲，数据分析工具可以分为两类。

第一类是日常事务的小数据分析，这种问题一般通过 Excel 即可解决。Excel 作为耳熟能详的大众软件，内含多种函数和视图工具，上手快且教程全，基本能解决大多数的问题。

第二类是商业领域或者计算科学领域的大数据分析，这种类型的分析一般数据量较大且结果不确定，需要进行探索性分析和验证。在这种情况下，Excel 就显得有些捉襟见肘了，很容易出现卡顿，因此面对这类任务，需要使用专门的数据分析软件或者编程软件来解决问题。

针对上述第二类需求，面向大数据的分析软件又可分为两种，第一种类似于 Excel，有人机交互界面，即可以直接拖曳完成的专业统计分析软件。比较典型的软件有统计分析领域的 SPSS 和一些商业 BI。SPSS 是专门的社会科学统计分析软件，借助 SPSS 可以对数据进行多种分析，包括描述性统计分析、探索性分析、回归分析、聚类分析、相关分析、预测分析等。SPSS 门槛不高，功能较为全面，有兴趣的读者可以自己去深入研究。商业 BI 主要应用在商业领域，是对商业数据进行可视化，以帮助经营者做出业务决策。目前市场上 BI 产品较多，如 Tableau、PowerBI、Qlikview、FineBI，这里不再赘述，有需要的读者可以自行查阅。

第二种是各种编程工具，由于编程语言众多，因此编程工具也数量众多。这里以 Python 为例，使用 Python 及其第三方拓展库可以直接操作数据源，对数据进行分析并可视化呈现，方便快捷，但是需要使用者有一定的编程语言基础，本书主要以此为主。

4.2 Python 文件操作

4.2.1 查看路径

本节主要通过实例代码，讲解如何通过 Python 来操作文件，主要包括以下几个方面，获取文件路径、遍历目录、新建文件、删除文件、读取文件内容等。获取当前路径的代码如下：

```
#获取当前路径
#调用Python内置os模块
import os
#输出当前路径
print(os.getcwd())
```

执行后程序会输出当前的工作目录，例如当前目录为
C:\Users\afcloud\PycharmProjects\pythonProject，程序执行结果如图 4-1 所示。

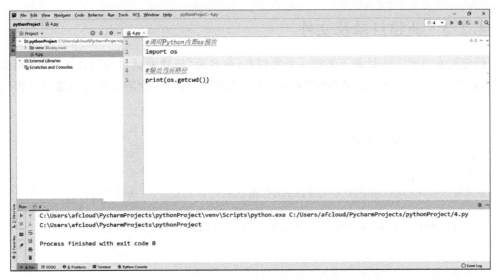

图 4-1　输出路径执行结果

4.2.2　遍历目录

遍历当前目录下的所有文件，代码如下：

```
#调用 Python 内置 os 模块
import os
#遍历当前目录
files = os.walk(r"C:\Users\afcloud\PycharmProjects\pythonProject")
for i in files:
    print(i)
```

程序执行后会输出给定目录下、文件夹及其子文件的所有内容，如图 4-2 所示。

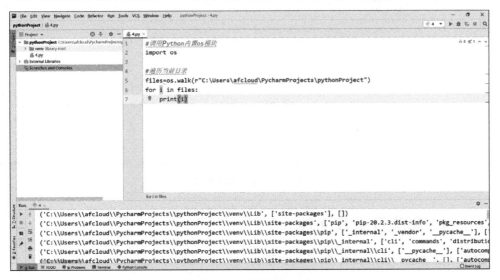

图 4-2　遍历目录执行结果

4.2.3　新建目录及文件

假定要在当前工作目录下新建一个文件夹,命名为"新建测试目录",并在"新建测试目录"内新建一个 txt 文档,命名为"新建测试文档",在文档内写入"测试新建目录及文件",示例代码如下:

```python
#调用 Python 内置 os 模块
import os
#遍历当前目录
#采用 try...except...语句预防创建目录时出现异常
try:
    os.makedirs(r"C:\Users\afcloud\PycharmProjects\pythonProject\新建测试目录")
except:
    pass
#在指定路径下打开文件,如果不存在,则新建
with open(r"C:\Users\afcloud\PycharmProjects\pythonProject\新建测试目录\新建测试文档.txt",'a+') as file:
    #写入内容
    file.write('测试新建目录及文件')
```

程序执行的结果如图 4-3 所示。

图 4-3　新建执行结果

4.2.4　删除目录及文件

删除刚刚创建的目录及文件,代码如下:

```
import os
import shutil
#删除空目录
#os.removedirs(r"C:\Users\afcloud\PycharmProjects\pythonProject\新建测试目录")
#删除非空目录
shutil.rmtree(r"C:\Users\afcloud\PycharmProjects\pythonProject\新建测试目录")
```

程序执行的结果如图 4-4 所示。

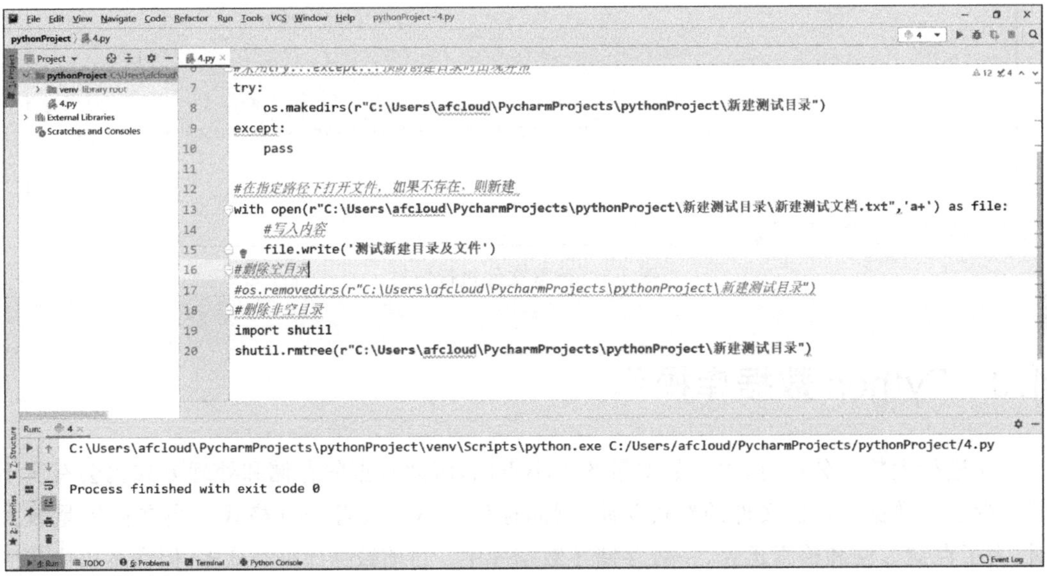

图 4-4　删除目录及文件执行结果

4.2.5　读取文件内容

为测试读取文件内容，新建一个名为"读取文件测试.txt"的文档，写入两行诗句，分别是"两个黄鹂鸣翠柳"和"一行白鹭上青天"，现在演示如何读取文档中的内容，代码如下：

```
//第4章/4.2.5
#打开文件,指定打开方式并指定编码方式,防止解码错误
with open("读取文件测试.txt",'r',encoding='utf-8') as file:
    #写入内容
    while True:
        words = file.readline()
        if words == '':
            break
        print(words)
```

程序执行的结果如图 4-5 所示。

图 4-5 读取文件执行结果

4.3 Python 数据库操作

在进行大数据分析时，由于数据量的大小不同，因此数据的存储和处理方式也会有所不同。少量的数据可以以文件的形式存储，例如存储为.xls 或者.csv 格式。当文件体量较大时，为了存储方便和检索迅速，一般存储在数据库中。目前数据库种类众多，但在本书中用到的主要有两种，分别是 SQLite 和 MySQL。SQLite3 是 Python 内置数据库，也是 Django Web 框架的默认数据库，SQLite 属于一种嵌入式数据库，不需要复杂的配置，可以像.xls 文件一样直接复制到其他机器上使用，十分便捷。MySQL 作为一款优秀的开源数据库软件，其性能比较出众，使用也比较广泛。当数据体量较大或者对数据库性能要求较高时，可以选择 MySQL 替代使用。下面简要介绍通过 Python 如何控制 SQLite 数据库，MySQL 操作与此类似，可自行学习，在后面项目开发过程中会逐渐使用 MySQL，读者可先自行下载。

Python 使用 SQLite 的主要操作是新建数据库、新建数据表、增加记录、查询记录、修改记录、删除记录，下面一一演示。

4.3.1 创建数据库

使用 SQLite3 创建一个新的数据库，代码如下：

```
//第 4 章/4.3.1
import sqlite3
#创建数据库连接,SQLite3 数据库文件的名称为 test.db,如果没有,则新建
conn = sqlite3.connect('test.db')
#创建游标对象,用来执行数据库操作
cur = conn.cursor()
#执行数据库 SQL 语句,创建 info 表
```

```
cur.execute('create table info(id int(10) primary key,name varchar(50))')
#关闭游标
cur.close()
#关闭数据库连接
conn.close()
```

执行后，会在当前目录创建一个新的数据库文件 test.db，数据库中有一张 info 表，表中有 id 和 name 两个字段，如图 4-6 所示。

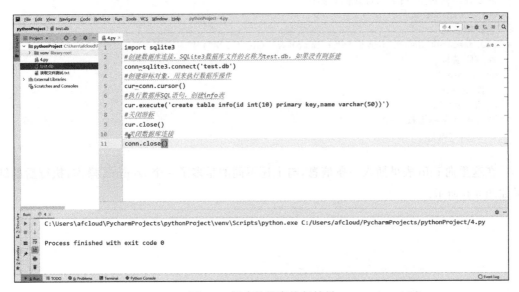

图 4-6　新建数据库执行结果

用 SQLite Expert Personal 软件可以查看新建的数据库，数据库详情如图 4-7 所示。

图 4-7　查看新建数据库

4.3.2 新增信息

下面向新的数据表中新增一条信息，代码及注释如下：

```
//第 4 章/4.3.2
import sqlite3
#创建数据库连接,SQLite3 数据库文件的名称为 test.db,如果没有,则新建
conn = sqlite3.connect('test.db')
#创建游标对象,用来执行数据库操作
cur = conn.cursor()
#新增信息
cur.execute('insert into info(id,name) values("1","A")')
#关闭游标
cur.close()
#提交事务
conn.commit()
#关闭数据库连接
conn.close()
```

在这里向 info 表里插入一条信息，与上述不同的是多了一个 commit 操作，执行后的结果如图 4-8 所示。

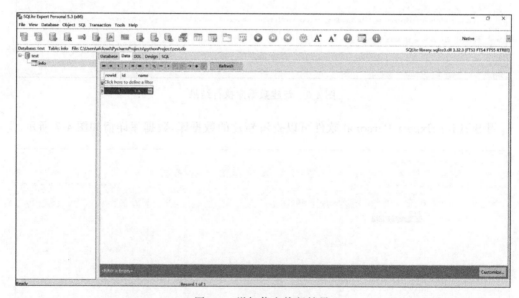

图 4-8　增加信息执行结果

4.3.3 查询信息

新增信息后，可以直接操作数据库来查询信息，查询数据的代码如下：

```
//第 4 章/4.3.3/fetchall()
import sqlite3
#创建数据库连接,SQLite3 数据库文件的名称为 test.db,如果没有,则新建
```

```
conn = sqlite3.connect('test.db')
#创建游标对象,用来执行数据库操作
cur = conn.cursor()

#查询信息
cur.execute('select * from info')

#获取结果
k = cur.fetchall()
print(k)

#关闭游标
cur.close()
#关闭数据库连接
conn.close()
```

与新建不同,数据库查询有三条命令,分别是 fetchone()、fetchmany()、fetchall()。

fetchone()方法返回第 1 个结果,fetchmany()括号里的参数表示返回前 n 个结果。fetchall()返回所有结果,由于此处只有一条记录,因此直接输出结果,如图 4-9 所示。

图 4-9　查询操作执行结果

为了说明条件查询的方法及上述 3 种方式的不同,再向表中插入数据,插入新的数据后,表中的记录如图 4-10 所示。

补全信息后,限定查询条件,查询所有 id>2 的结果,用 fetchone()方法,代码如下:

```
//第 4 章/4.3.2/fetchone
import sqlite3
#创建数据库连接,SQLite3 数据库文件的名称为 test.db,如果没有,则新建
conn = sqlite3.connect('test.db')
#创建游标对象,用来执行数据库操作
```

```
cur = conn.cursor()
#条件查询
cur.execute('select * from info where id > ?',(2,))
#获取结果
k = cur.fetchone()
print(k)
#关闭游标
cur.close()
#关闭数据库连接
conn.close()
```

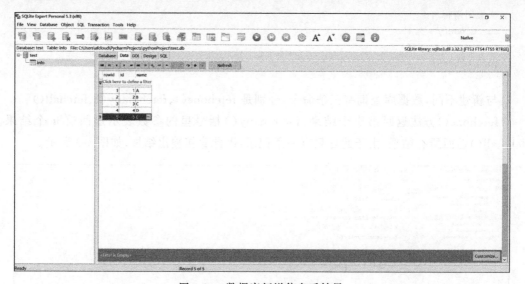

图 4-10 数据库新增信息后结果

程序执行的结果如图 4-11 所示,只返回了第一条记录。

图 4-11 fetchone()方法执行结果

用 fectchmany()方法返回前两条结果,代码如下:

```
//第 4 章/fetchmany()
import sqlite3
#创建数据库连接,SQLite3 数据库文件的名称为 test.db,如果没有,则新建
conn = sqlite3.connect('test.db')
#创建游标对象,用来执行数据库操作
cur = conn.cursor()
#条件查询
cur.execute('select * from info where id > ?',(2,))
#获取结果
k = cur.fetchmany(2)
print(k)
#关闭游标
cur.close()
#关闭数据库连接
conn.close()
```

程序执行的结果如图 4-12 所示。

图 4-12 fetchmany()返回前两条记录执行结果

用 fetchall()方法返回所有结果,代码如下:

```
//第 4 章/fetchall()
import sqlite3
#创建数据库连接,SQLite3 数据库文件的名称为 test.db,如果没有,则新建
conn = sqlite3.connect('test.db')
#创建游标对象,用来执行数据库操作
cur = conn.cursor()
#条件查询
cur.execute('select * from info where id > ?',(2,))
```

```
#获取结果
k = cur.fetchall()
print(k)
#关闭游标
cur.close()
#关闭数据库连接
conn.close()
```

程序执行的结果如图 4-13 所示。

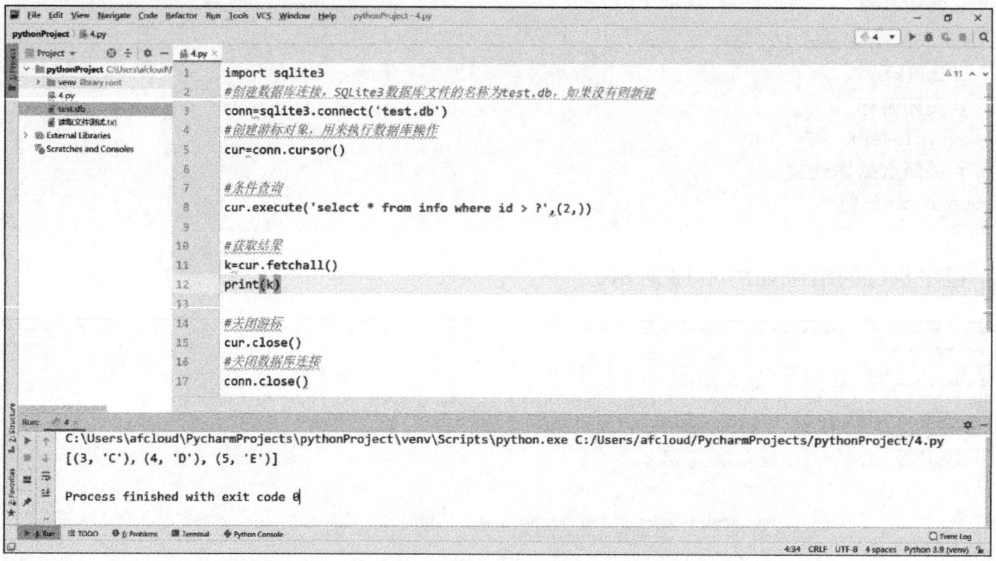

图 4-13 fetchall()方法返回所有记录执行结果

4.3.4 修改信息

将第一条信息的 name 修改为 First,代码如下:

```
//第4章/4.3.4/修改信息
import sqlite3
#创建数据库连接,SQLite3 数据库文件的名称为 test.db,如果没有,则新建
conn = sqlite3.connect('test.db')
#创建游标对象,用来执行数据库操作
cur = conn.cursor()

#条件查询
cur.execute('update info set name = ? where id = ?',("First",1))

#提交事务
conn.commit()
#获取结果
cur.execute('select * from info')
k = cur.fetchall()
print(k)
```

```
#关闭游标
cur.close()
#关闭数据库连接
conn.close()
```

程序执行的结果如图 4-14 所示。

图 4-14 修改信息执行结果

4.3.5 删除信息

为了练习如何删除信息,这里将第 5 条信息删除,代码如下:

```
//第 4 章/4.3.5/删除信息
import sqlite3
#创建数据库连接,SQLite3 数据库文件的名称为 test.db,如果没有,则新建
conn = sqlite3.connect('test.db')
#创建游标对象,用来执行数据库操作
cur = conn.cursor()
#条件查询
cur.execute('delete from info where id = ?',(5,))


#提交事务
conn.commit()
#获取结果
cur.execute('select * from info')
k = cur.fetchall()
print(k)

#关闭游标
cur.close()
#关闭数据库连接
conn.close()
```

程序执行的结果如图 4-15 所示。

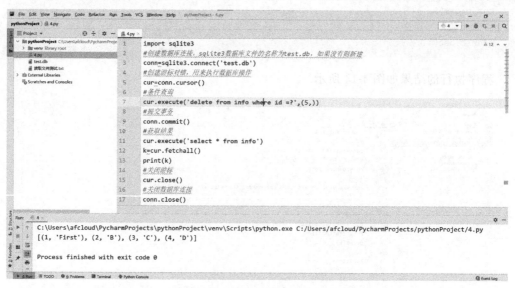

图 4-15　删除信息执行结果

4.4　Python 处理 Excel 文件

Excel 与 Python 配合使用时主要是将 Excel 文件当作数据源，Python 负责读取数据并对数据进行转换、计算、分析，最后将分析结果可视化或者保存为新的 Excel 文件。在这个过程中涉及格式转换、行列名称修改、分列、重建索引、计算生成新列、筛选、排序、大数据运算、兼容性等诸多问题，目前常用的方式是采用 Python 第三方库来完成，在数值计算方面比较出名的是 NumPy 和 Pandas。NumPy 是 Python 语言的一个扩展程序库，支持大量的维度数组与矩阵运算，重点在于进行数值运算，其数组的存储效率和输入/输出性能远优于 Python 中的嵌套列表，数组越大，NumPy 的优势就越明显。Pandas 也是一个扩展库，它是基于 NumPy 的一种工具，该工具是为解决数据分析任务而创建的。它支持多数据类型，重点在于进行数据分析。Pandas 纳入大量库和一些标准的数据模型，提供高效地操作大型数据收集所需的工具。在数据分析方面，实际上 Jupyter Notebook 要更加方便，但本书后面的开发基本在 PyCharm 环境之中完成，因此仅在 PyCharm 中进行演示，有兴趣的读者可以自行下载 Anaconda，并使用其中的 Jupyter Notebook 进行操作。

4.4.1　读取数据文件

Excel 文件常见的存储格式有 .xls、.xlsx、.csv，这些文件类型在 Excel 软件内都能正常显示，但存储格式稍有差异，用 Pandas 读取的代码也稍有差别，下面利用 Pandas 来读取这些文件。为演示方便，这里手动创建 3 个文件，存储格式不同，但内容完全相同，如图 4-16 所示。

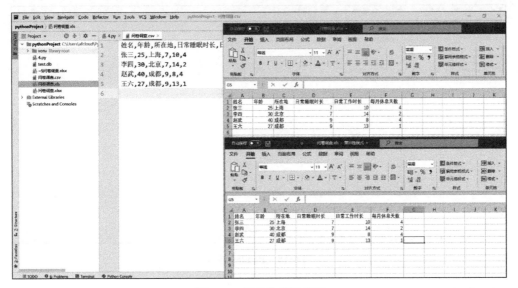

图 4-16　原始数据展示图

1．安装 Pandas

在使用 Pandas 读取文件之前，需要在 PyCharm 的虚拟环境中安装 Pandas。安装方法如下。

在 PyCharm 中单击左下角的 Terminal 按钮，此时会弹出当前虚拟环境（venv 开头）的路径，在后面输入 pip install pandas -i https://pypi.douban.com/simple 命令，如图 4-17 所示。输入后按 Enter 键，程序会自动下载并安装。

图 4-17　Pandas 安装命令示意图

安装完成后，在代码区输入 import pandas，如果没有报错，说明安装成功，如图 4-18 所示。

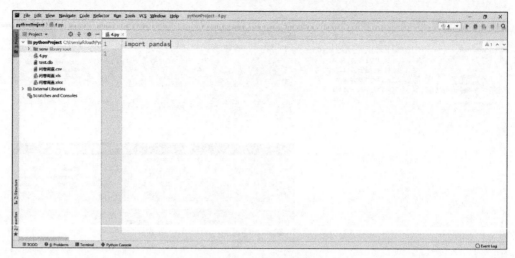

图 4-18　Pandas 导入

2. 读取.csv 文件

用 Pandas 读取.csv 文件并展示前三条内容，代码如下：

```
//第 4 章/4.4.1/读取 csv 文件
import csv
import pandas as pd
data = pd.read_csv('问卷调查.csv',header = None,encoding = 'utf - 8',sep = "\t",quoting = csv.QUOTE_NONE)

#输出前三条数据
print(data.head(3))
```

程序执行的结果如图 4-19 所示。

图 4-19　Pandas 读取 csv 文件

3. 读取 .xls 文件

用 Pandas 读取 .xls 文件并展示前三条内容,代码如下:

```python
import csv
import pandas as pd
data = pd.read_excel('问卷调查.xls')
#输出前三条数据
print(data.head(3))
```

程序执行的结果如图 4-20 所示。

图 4-20　Pandas 读取 xls 文件

4.4.2　操作数据

1. 查看数据

用 Pandas 读取数据后,为确保后续正常使用,一般要检查一下读取的数据是否正常。查看的方式一般是查看数据的前几条或者后几条。这里主要应用 Pandas 对象的 head() 和 tail() 函数。head() 括号里可添加参数,用于查看数据的前 n 条,如果不加参数,则默认查看所有数据条目。tail() 函数类似于 head() 函数,下面分别使用两种函数查看前三条数据和后三条数据,代码如下:

```python
import pandas as pd
data = pd.read_excel('问卷调查.xls')
#输出前三条数据
print(data.head(3))
#输出后三条数据
print(data.tail(3))
```

程序执行的结果如图 4-21 所示。

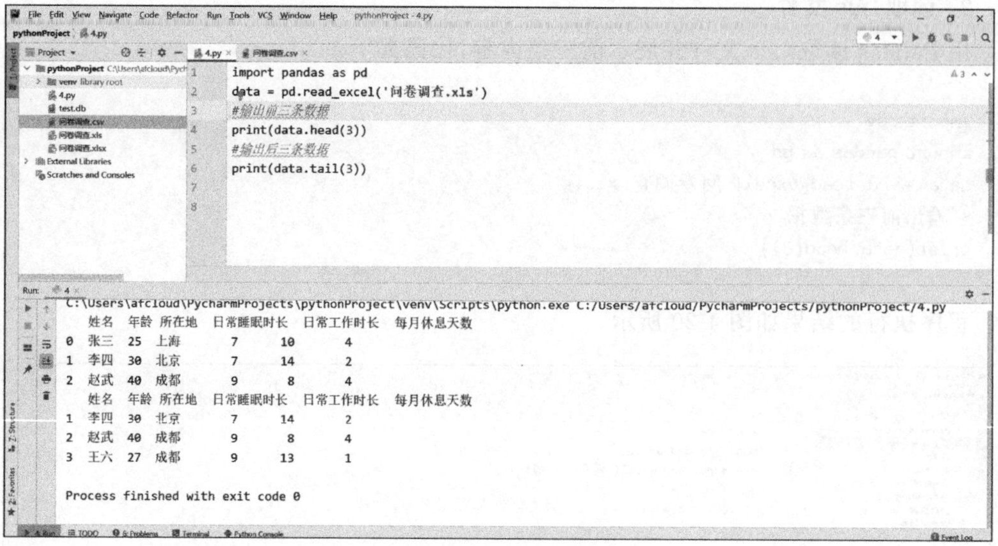

图 4-21　Pandas 查看数据

2．查看数据概况

用 Pandas 正常读取数据后，有时会遇到数据较多的情况，如果想对数据进行大致了解，需要看一下数据的索引和列名，此时则可以使用 index()和 columns()函数查看，当然直接使用 info()函数获取行列信息更加方便快捷，下面简单演示，代码如下：

```
//第 4 章/4.4.2/Pandas 查看数据概况
import pandas as pd
data = pd.read_excel('问卷调查.xls')
#查看索引情况
print(data.index)
#查看列情况
print(data.columns)
#查看数据概况
print(data.info)
```

程序执行的结果如图 4-22 所示。

3．简单统计

如需简单了解数据的均值、计数、最大值、最小值、方差等情况，则可以使用 describe()函数查看，下面简单演示，代码如下：

```
import pandas as pd
data = pd.read_excel('问卷调查.xls')
#查看索引情况
print(data.describe())
```

程序执行的结果如图 4-23 所示。

图 4-22　Pandas 查看数据概况

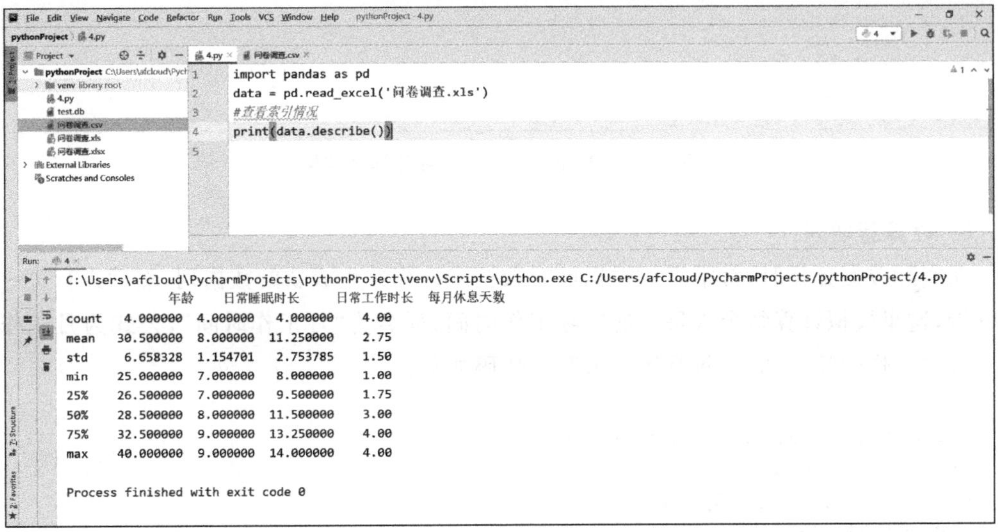

图 4-23　Pandas describe()函数

4．排序

如需对数据的某一列进行排序，则可以使用 sort_values()函数，并在括号中指定要排序的列名。这里指定按照年龄进行排序，同时为了不影响原始数据，将排序后的数据赋值给新变量 data2，代码如下：

```
//第 4 章/4.4.2/Pandas sort_values()排序
import pandas as pd
data = pd.read_excel('问卷调查.xls')
#查看未排序前情况
print(data)
#按年龄排序
```

```
data2 = data.sort_values('年龄')
#查看排序后情况
print(data2)
```

程序执行的结果如图 4-24 所示。

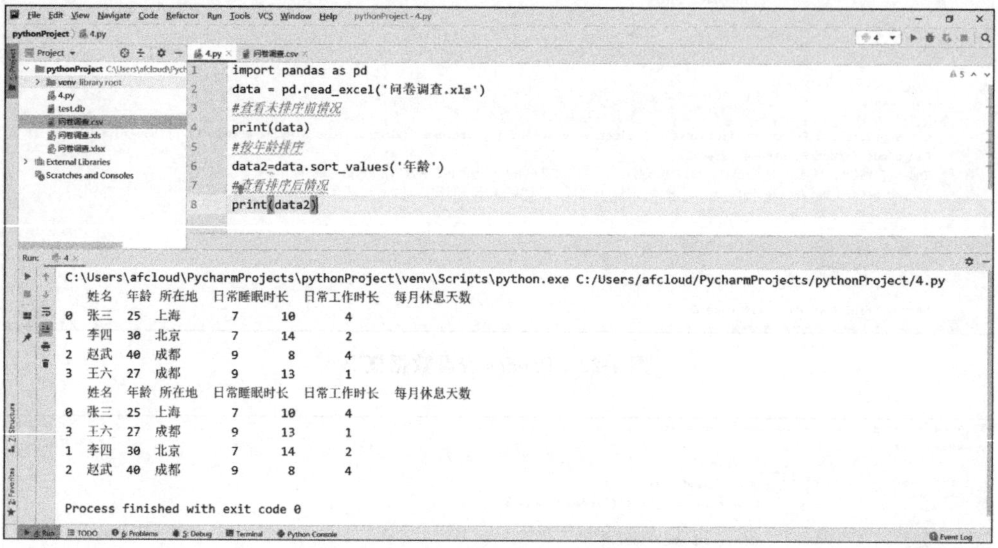

图 4-24　Pandas sort_values()排序结果

5. 计算新增列

在实际数据分析时,常常需要根据已有数据来计算并生成新的数据列,然后进行进一步的分析,这里模拟计算每个人每月的实际工作时间,列名为"月工作时间",公式为月工作时间=日常工作时间×(30-每月休息天数),代码如下:

```
//第 4 章/4.4.2/Pandas 计算新增数据列
import pandas as pd
data = pd.read_excel('问卷调查.xls')
#查看原数据情况
print(data)
#新增列
data['月工作时间'] = data['日常工作时长'] * (30 - data['每月休息天数'])
#查看新增后情况
print(data)
```

程序执行的结果如图 4-25 所示。

6. 筛选

数据筛选也是一个常用操作,Pandas 内置的筛选方法有几种,下面一一介绍。

第 1 种函数为 loc()函数,即按标签(列)筛选。这里假定要逐步分别筛选出"日常睡眠时长>7""日常睡眠时长>7 并且日常工作时长<10",以及符合两个条件下只包含姓名和年龄的数据列,代码如下:

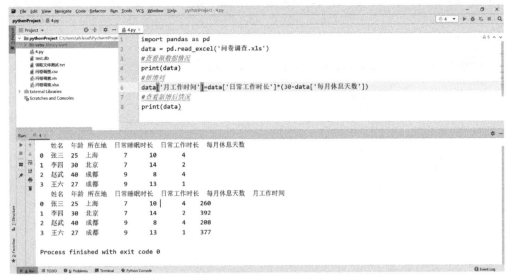

图 4-25 Pandas 计算新增数据列

```
//第 4 章/4.4.2/Pandas loc()筛选数据列
import pandas as pd
data = pd.read_excel('问卷调查.xls')
#查看原数据情况
print(data)
#一轮筛选
data2 = data.loc[data['日常睡眠时长']>7]
#查看筛选后情况
print(data2)
#二轮筛选
data3 = data.loc[(data['日常睡眠时长']>7) & (data['日常工作时长']>10)]
print(data3)
#三轮筛选,只保留筛选后的指定列
data3 = data.loc[(data['日常睡眠时长']>7) & (data['日常工作时长']>10),['姓名','年龄']]
print(data3)
```

程序执行的结果如图 4-26 所示。

第 2 种函数为 iloc()函数,即通过位置选择数据,适合用于对特定位置的值进行筛选、计算或者仅提取这几列,以便生成新的变量,为后续计算做准备,这里假定要提取第 2~3 行的第 0~2 列,代码如下:

```
//第 4 章/4.4.2/Pandas iloc()提取数据
import pandas as pd
data = pd.read_excel('问卷调查.xls')
#查看原数据情况
print(data)
#iloc()筛选
data2 = data.iloc[2:4,0:3]
print(data2)
```

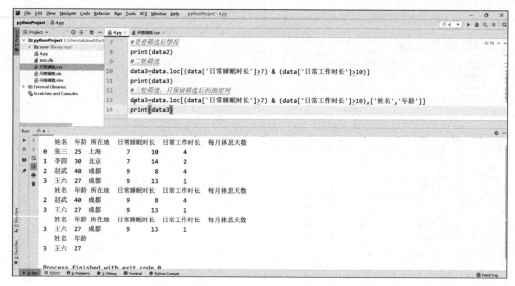

图 4-26　Pandas loc()筛选

程序执行的结果如图 4-27 所示。

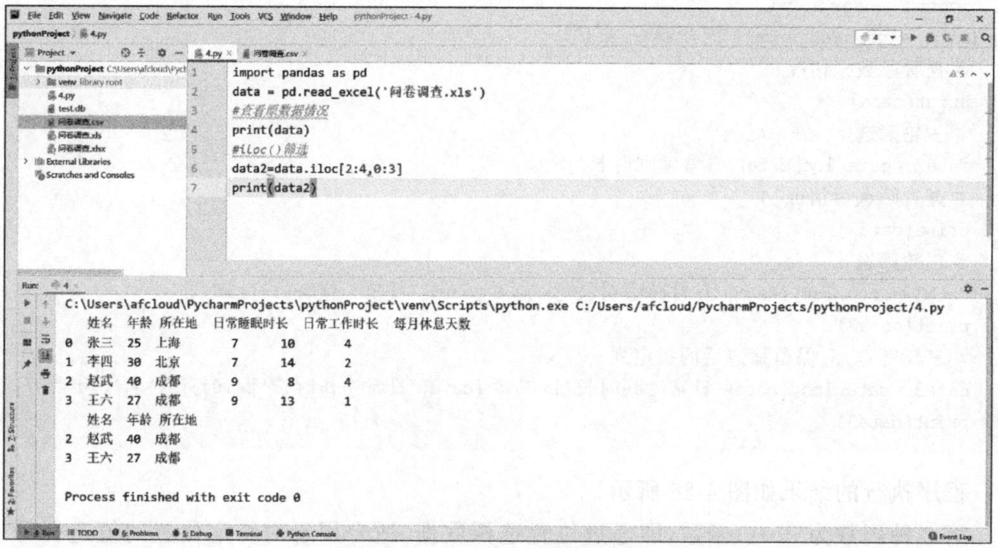

图 4-27　Pandas iloc()提取数据

第 3 种函数为 .isin() 函数,当要选择某列中的值等于多个数值或者字符串时,需要用到 .isin() 函数,括号里可添加值或字符串列表。这里只假定提取"每月休息天数"等于 1 或 2 的行,代码如下:

```
//第 4 章/4.4.2/Pandas isin()提取数据
import pandas as pd
data = pd.read_excel('问卷调查.xls')
#查看原数据情况
```

```
print(data)
#isin()筛选
data2 = data[data['每月休息天数'].isin([1,2])]
print(data2)
```

程序执行的结果如图 4-28 所示。

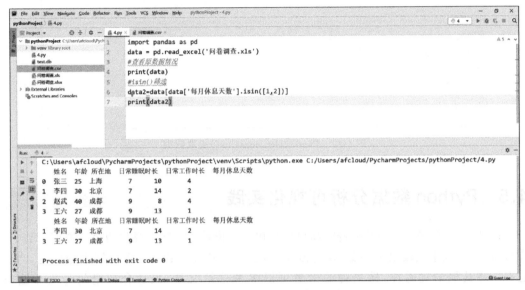

图 4-28　Pandas isin()提取数据

第 4 种函数为.str.contains()函数,当要选择的某列含某个字符串时,需要用到.str.contains()函数,括号里可添加字符串。这里假定筛选所在地含有"都"的数据,代码如下:

```
//第 4 章/4.4.2/Pandas.str.contains()提取数据
import pandas as pd
data = pd.read_excel('问卷调查.xls')
#查看原数据情况
print(data)
#.str.contains()筛选
data2 = data[data['所在地'].str.contains('都')]
print(data2)
```

程序执行的结果如图 4-29 所示。

7. 其他注意事项

当使用 Pandas 多条件筛选数据时用到的逻辑运算符不是 and、or、not 而是"&""|""!",需读者注意。另外排序时如需指定排序方式,则只需要在 sort_values()括号里加上参数"ascending=False"或者"ascending=True"。此外除文中列举的几种筛选和提取方法外,Pandas 还有.at()、.iat()、.ix()等函数可供选择,感兴趣的读者可自行查阅。

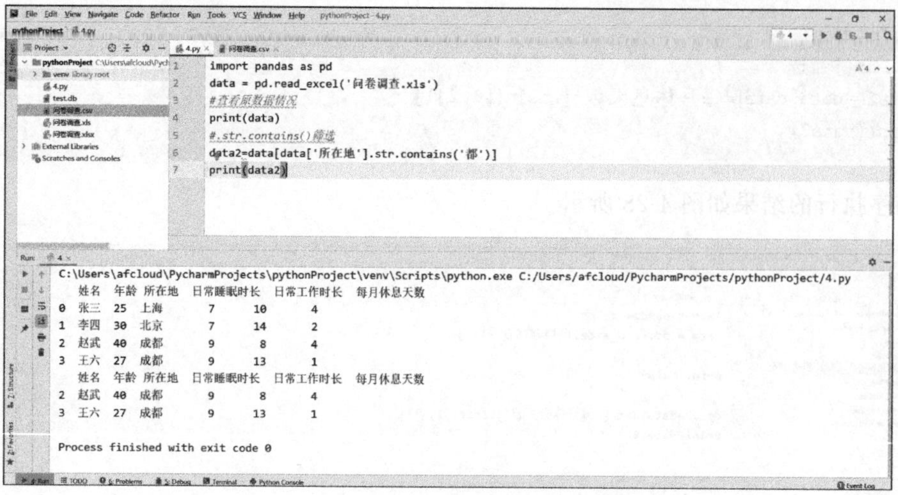

图 4-29　Pandas.str.contains()提取数据

4.5　Python 数据分析可视化实践

Python 对数据分析的结果进行简单可视化主要依赖于一些可视化的第三方库,第三方库数量众多,其中比较出名的如 Matplotlib、Seaborn、Plotly、Bokeh 等应用十分广泛,当然也有一些其他的优秀库,感兴趣的读者可以参考这篇文章,很适合初窥门径简单尝试 https://blog.csdn.net/weixin_39777626/article/details/78598346。实际上每个库都很强大,也有专门的说明文档,有实际需求的读者可以仔细阅读。本书限于篇幅只简单介绍 Matplotlib,供读者了解和简单使用,其他库的使用方法基本大同小异。

4.5.1　Matplotlib 简介

Matplotlib 是一个综合的可视化库,可以绘制静态图、动画及交互图,官方文档的网址为 https://matplotlib.org/,打开网址即可看到如图 4-30 所示界面。

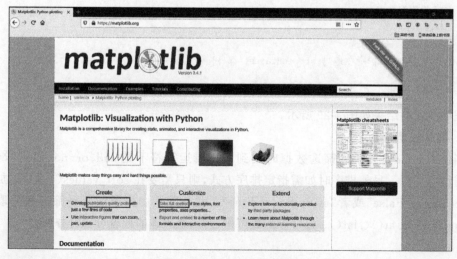

图 4-30　Matplotlib 官网

Matplotlib 官方文档十分翔实,既给出常见图形的绘制代码,也给出拓展图形属性的调整方法。单击图 4-30 Create 中方框所示文字按钮即可查看所有图形的汇总,如图 4-31 所示,共提供了几百种图形,读者可按需查找。

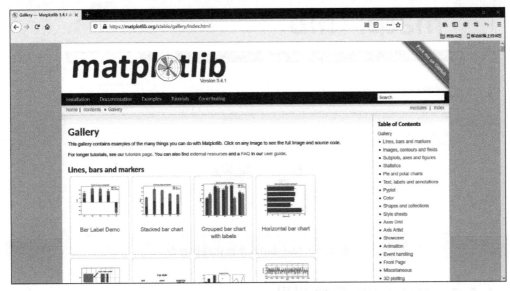

图 4-31　Matplotlib 图形汇总

找到需要的图形后,单击即可查看代码。以第一张图为例,单击图形便会跳转到相应代码界面,如图 4-32 所示,读者参照代码即可绘制自己想要的图形。

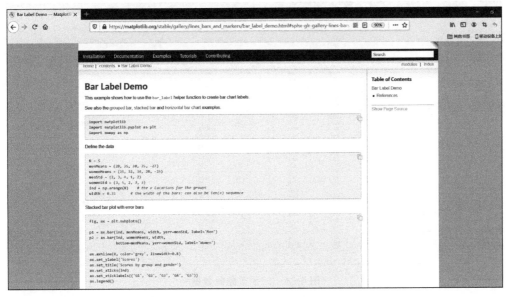

图 4-32　Matplotlib 图形代码示例

当然在绘制的过程中如果需要个性化设置一些图形属性,例如标签、文本、颜色、位置设置、坐标轴设置等,则可以参考图 4-30 Customize 中方框所示文字。跳转后的页面如图 4-33

所示，单击后即可查看相应内容。

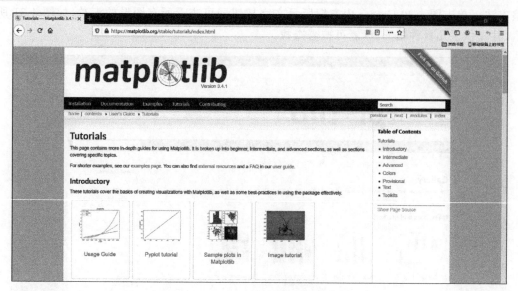

图 4-33 Matplotlib 个性化属性查询

4.5.2 Matplotlib 简单使用

为详细说明 Matplotlib 的使用过程，本节准备了一份二手车销售数据，如图 4-34 所示。本节以这份数据为例，简单展示数据从读取、分析到可视化的整个过程，下面一一介绍。

	A	B	C	D	E	F	G	H	I	J	K	L	M	N	O	P	Q	R	S	T	U	V
1	车源编号	车名	品牌	车系	车龄	车程	车辆所在	成交年份	成交月份	成交价	过户次数	此价格打	车牌所在	厂商指导	综合评级	骨架星级	装饰星级	外观星级	内饰星级	车身颜色	车辆类型	排量
2	29735402	奥迪奥迪	奥迪	奥迪A3	7	5.7	上海	2018	5	6.5	2	91	沪A	30.9	GE	1	3	1	1	灰色	轿车	1.8
3	29335330	奥迪奥迪	奥迪	奥迪A3	3	4.3	苏州	2018	5	14.65	0	96	苏E	22.49	AC	5	5	4	5	白色	轿车	1.4
4	29448792	奥迪奥迪	奥迪	奥迪A3	1	2.9	长沙	2018	4	13.7	0	70	湘B	18.49	EB	4	5	2	5	白色	轿车	1.4
5	29332926	奥迪奥迪	奥迪	奥迪A3	1	0.5	上海	2018	4	25.25	0	70	苏F	36.98	BA	5	5	3	3	其他颜色	轿车	1.8
6	29427419	奥迪奥迪	奥迪	奥迪A3	3	2.2	上海	2018	4	14	0	97	沪C	25.48	BC	5	5	3	3	白色	轿车	1.4
7	28995970	奥迪奥迪	奥迪	奥迪A3	4	3.1	上海	2018	4	15.5	0	70	沪B	26.98	CD	5	4	3	4	其他颜色	轿车	1.8
8	29053343	奥迪奥迪	奥迪	奥迪A3	2	4.6	上海	2018	4	15.69	0	98	沪B	23.39	DC	5	4	1	4	白色	轿车	1.4
9	29063592	奥迪奥迪	奥迪	奥迪A3	2	6.3	上海	2018	4	13.59	0	91	沪B	22.79	GD	1	5	1	4	其他颜色	轿车	1.4
10	28769532	奥迪奥迪	奥迪	奥迪A3	7	11.2	上海	2018	3	7.48	0	89	沪A	28.9	EE	4	3	1	3	其他颜色	轿车	1.4
11	28383707	奥迪奥迪	奥迪	奥迪A3	2	2.3	上海	2018	2	15.88	1	98	苏A	21.52	CB	5	4	4	5	白色	轿车	1.4
12	28075435	奥迪奥迪	奥迪	奥迪A3	3	5.7	广州	2018	2	15.5	0	93	粤A	25.48	DC	5	4	1	2	白色	轿车	1.4
13	28358857	奥迪奥迪	奥迪	奥迪A3	6	5.8	上海	2018	2	10.2	2	86	湘D	28.9	DE	5	3	1	5	白色	轿车	1.4
14	27920848	奥迪奥迪	奥迪	奥迪A3	3	3.7	郑州	2018	1	14	0	92	豫A	21.89	AC	5	5	4	5	其他颜色	轿车	1.4
15	28185181	奥迪奥迪	奥迪	奥迪A3	3	3.3	上海	2018	1	15.14	0	98	沪C	24.88	AC	5	5	4	5	白色	轿车	1.4
16	28170287	奥迪奥迪	奥迪	奥迪A3	4	1	上海	2018	1	14.3	0	98	沪A	24.88	BD	5	5	3	5	白色	轿车	1.4
17	27986451	奥迪奥迪	奥迪	奥迪A3	3	2.3	苏州	2018	1	23.5	0	96	苏E	36.98	DC	5	5	1	3	白色	轿车	1.8
18	27986435	奥迪奥迪	奥迪	奥迪A3	2	1	上海	2018	1	16.5	0	98	沪B	23.39	AB	5	5	4	5	白色	轿车	1.4
19	27897611	奥迪奥迪	奥迪	奥迪A3	3	2.9	重庆	2018	1	14.2	0	89	川Q	24.88	BB	5	5	3	5	白色	轿车	1.4
20	27818049	奥迪奥迪	奥迪	奥迪A3	2	5.5	北京	2018	1	13.5	0	94	京Q	19.09	EC	4	3	2	3	白色	轿车	1.4
21	27749946	奥迪奥迪	奥迪	奥迪A3	3	3	成都	2017	12	13.91	0	93	川A	21.89	DC	5	5	1	5	红色	轿车	1.4
22	27394002	奥迪奥迪	奥迪	奥迪A3	2	5.5	成都	2017	12	15.4	1	96	川A	23.39	DC	5	5	1	1	白色	轿车	1.4
23	27741468	奥迪奥迪	奥迪	奥迪A3	3	6	上海	2017	12	13.99	0	95	沪A	24.88	DC	5	5	1	2	其他颜色	轿车	1.4
24	27114940	奥迪奥迪	奥迪	奥迪A3	4	4.8	上海	2017	12	11	0	70	闽J	26.8	DD	5	4	1	2	灰色	轿车	1.4
25	27635831	奥迪奥迪	奥迪	奥迪A3	1	2.8	西安	2017	12	15.58	0	96	陕A	22.49	BB	5	5	3	4	其他颜色	轿车	1.4
26	27551068	奥迪奥迪	奥迪	奥迪A3	3	6.3	沈阳	2017	12	9	0	70	辽A	18.49	AD	5	5	5	5	白色	轿车	1.4
27	27157568	奥迪奥迪	奥迪	奥迪A3	6	8.7	苏州	2017	12	10.34	2	88	苏E	32.8	CE	5	4	2	5	黑色	轿车	1.8
28	27438543	奥迪奥迪	奥迪	奥迪A3	2	4	上海	2017	12	15.8	1	94	皖A	26.96	BB	5	5	4	3	红色	轿车	1.8
29	27222174	奥迪奥迪	奥迪	奥迪A3	1	2.2	上海	2017	12	24	0	96	沪A	36.98	EB	4	5	2	5	白色	轿车	1.8
30	27349051	奥迪奥迪	奥迪	奥迪A3	1	1.1	长沙	2017	12	16.78	0	96	湘A	21.52	AA	5	5	4	5	白色	轿车	1.4

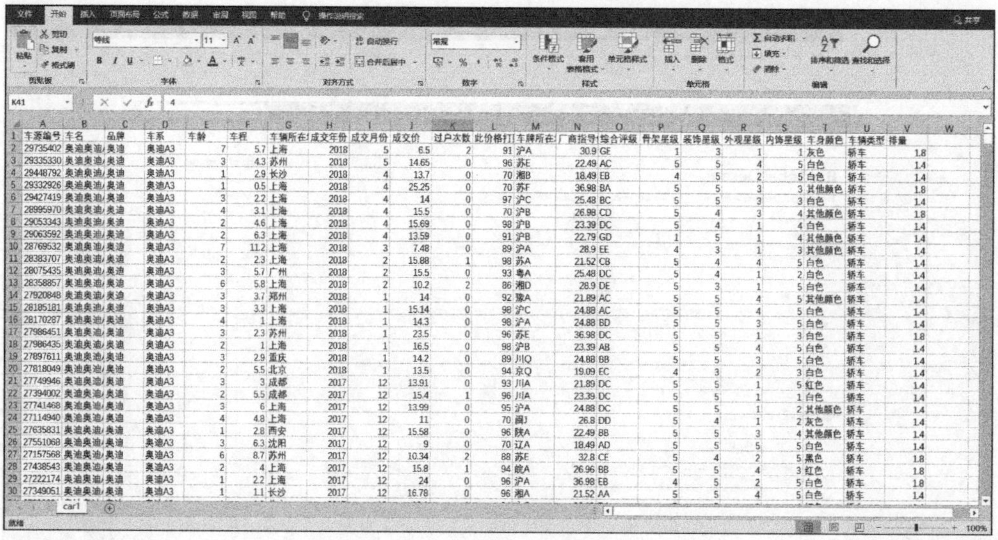

图 4-34 二手车原始数据

1. 更换虚拟环境

由于 Python 3.9 版本发布不久，很多第三方库还没有很好地支持，后续继续使用 3.9 版本可能会出现一些兼容性问题，因此在这里建议各位读者先将原虚拟环境删除，新建虚拟环境，使用稍旧一些的 Python 版本，本节使用 Python 3.7。

更换虚拟环境有两种方式,一种是在其他位置新建虚拟环境,并使用新位置的虚拟环境。另一种是删除原位置的虚拟环境文件,在原位置重新配置。为避免文件夹紊乱,本节选用第二种方式,读者可根据实际情况自由选择。

(1) 删除原虚拟环境,选项如图 4-35 所示。

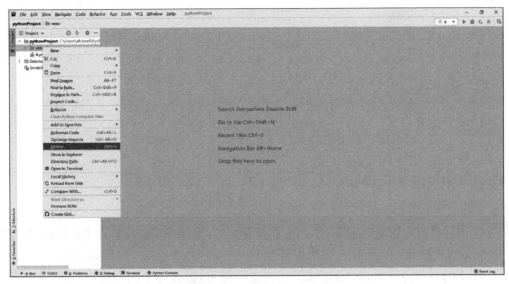

图 4-35　PyCharm 删除虚拟环境

(2) 下载并安装 Python 3.7,读者可在官网下载,也可以使用这里提供的百度云网址下载,百度云网址 https://pan.baidu.com/s/1aKbaC-GCLNmkxZLq8DVRkw 提取码：0000。

(3) 重新配置虚拟环境,执行 File→Settings→Python Interpreter→Add→python3.7 路径→OK 命令,如图 4-36～图 4-37 所示。

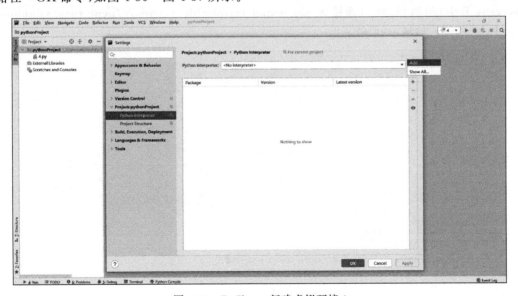

图 4-36　PyCharm 新建虚拟环境 1

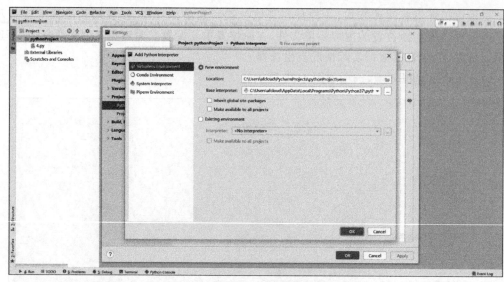

图 4-37　PyCharm 新建虚拟环境 2

（4）最后将前面用到的包以 pip 的方式重新安装，例如 Pandas 包，在 PyCharm 左下角单击 Terminal 按钮，会弹出当前虚拟环境（venv 开头）的路径，在后面输入 pip install pandas -i https://pypi.tuna.tsinghua.cn/simple 即可，但是有个问题需要注意，这里使用的是清华大学的镜像源，此外还有中科大、阿里云、豆瓣等镜像源，因为网络及个人计算机环境配置问题可能会出现部分镜像源不能使用，安装时会出现报错的问题。如果出现此类问题，则可以尝试换用其他镜像源或者直接安装不指定镜像源。

2. 安装 Matplotlib

与安装其他第三方库一样，在 PyCharm 左下角单击 Terminal 按钮，会弹出当前虚拟环境（venv 开头）的路径，在后面输入 pip install matplotlib -i https://pypi.tuna.tsinghua.cn/simple 命令，如图 4-38 所示。

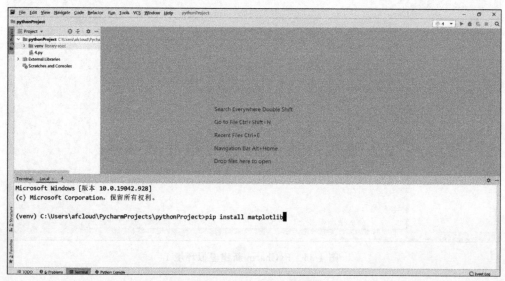

图 4-38　Matplotlib 安装示意图

输入命令后按 Enter 键,程序会自动下载并安装,安装完成后的提示如图 4-39 所示。

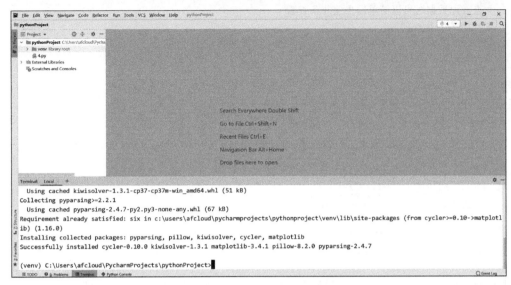

图 4-39 Matplotlib 安装成功示意图

3. 数据分析

为了进行数据分析,将原始 Excel 文件复制到项目根目录,然后利用 Pandas 读取数据并计算分析,这里对所有车辆每年的成交价格进行汇总统计,过程如下。

首先读取信息并提取需要的信息列,在提取的过程中顺便查看所提取的数据概况,代码如下:

```
//第4章/4.5.2/二手车数据提取
import pandas as pd
#展示所有列
pd.set_option('display.max_columns', None)
df = pd.read_excel('car1.xls')
#查看原数据时可以简单输出前几条查看
#print(df.head(3))
df2 = df[[ '品牌', '车辆所在地', '成交年份', '成交价', ]]
#查看提取数据格式及其信息
print(df2.head(3))
print(df2.info())
```

执行结果如图 4-40 所示。原数据共 54464 行 22 列,这里为了显示方便,仅提取其中的4列("品牌""车辆所在地""成交年份""成交价")数据。

其次查看成交年份有哪几年,代码如下:

```
//第4章/4.5.2/查看成交年份
import pandas as pd
#展示所有列
pd.set_option('display.max_columns', None)
```

```python
df = pd.read_excel('car1.xls')
#查看原数据时可以简单输出前几条查看
#print(df.head(3))
df2 = df[[ '品牌', '车辆所在地', '成交年份', '成交价', ]]
#查看提取数据格式及其信息
#print(df2.head(3))
#print(df2.info())
print(df2['成交年份'].unique())
```

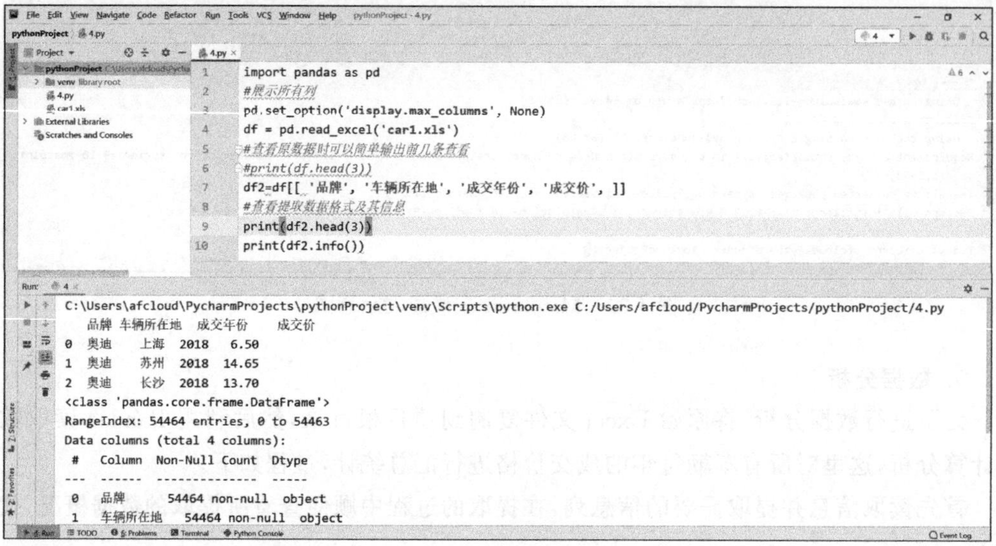

图 4-40　二手车数据提取

程序执行的结果如图 4-41 所示。

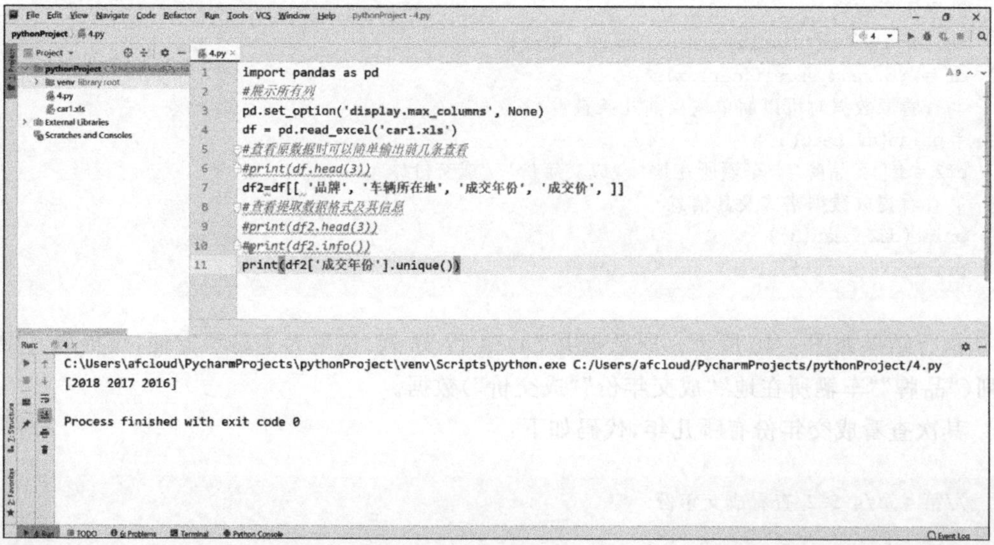

图 4-41　查看成交年份

然后分别统计每年的成交总价，代码如下：

```
//第 4 章/4.5.2/每年成交总价计算
import pandas as pd
#展示所有列
pd.set_option('display.max_columns', None)
df = pd.read_excel('car1.xls')
#查看原数据可以简单输出前几条查看
#print(df.head(3))
df2 = df[[ '品牌', '车辆所在地', '成交年份', '成交价', ]]
#查看提取数据格式及其信息
#print(df2.head(3))
#print(df2.info())
#print(df2['成交年份'].unique())
#2016 – 2018 成交总价单位年
list1 = []
for i in range(2016,2019):
    df2 = df.loc[df['成交年份'] == i]['成交价'].sum()
    list1.append(df2)
print(list1)
```

程序执行的结果如图 4-42 所示。

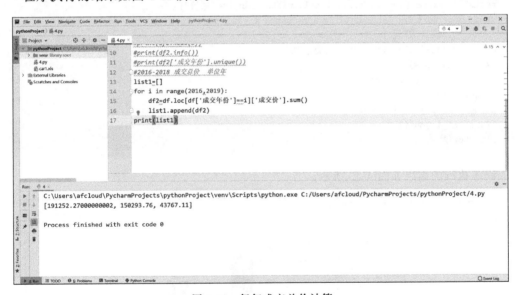

图 4-42　每年成交总价计算

4. 可视化

在上一步的数据分析中得到 2016—2018 年每年的成交总价，下面以柱状图为例，将所得到的结果进行可视化展示，代码如下：

```
//第 4 章/4.5.2/每年成交总价可视化
import pandas as pd
#展示所有列
pd.set_option('display.max_columns', None)
```

```python
df = pd.read_excel('car1.xls')
#查看原数据时可以简单输出前几条查看
# print(df.head(3))
df2 = df[[ '品牌', '车辆所在地', '成交年份', '成交价', ]]
#查看提取数据格式及其信息
# print(df2.head(3))
# print(df2.info())
# print(df2['成交年份'].unique())
#2016-2018 成交总价单位年
list1 = []
for i in range(2016,2019):
    df2 = df.loc[df['成交年份'] == i]['成交价'].sum()
    list1.append(df2)
# print(list1)
```

```python
import matplotlib.pyplot as plt
import numpy as np
plt.rcParams['font.sans-serif'] = ['SimHei']
labels = ['2016', '2017', '2018']
x = np.arange(len(labels))  # the label locations
width = 0.35  # the width of the bars
fig, ax = plt.subplots()
rects1 = ax.bar(x - width/2, list1, width, label='总价')
# Add some text for labels, title and custom x-axis tick labels, etc.
ax.set_ylabel('万元')
ax.set_title('2016-2018每年成交总额')
ax.set_xticks(x)
ax.set_xticklabels(labels)
ax.legend()
ax.bar_label(rects1, padding=3)
fig.tight_layout()
plt.show()
```

程序执行的结果如图 4-43 所示。

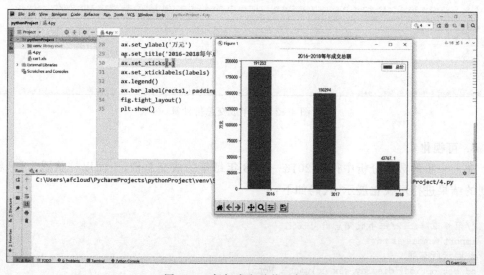

图 4-43　每年成交总价示例图

5. 拓展

至此,已简单讲解了如何利用 Matplotlib 和 Pandas 进行数据分析并可视化展现。当然在实际使用中,需求不同,后续的拓展也会稍有不同。如果只是想做一份分析报告,则通过数据分析,以及通过将可视化图片保存并展示已经足够。如果需要将程序放置在网页上,让浏览者可以以交互式的方式查看,则还需要进行后续的学习,如研究交互式图表或者 Web 可视化。

第 5 章 体验 Web 数据分析

第 4 章简要介绍了如何使用 Pandas 进行数据分析，并将数据分析的结果通过 Matplotlib 等第三方图库可视化展现出来，但是相对而言，这种形式展示的图形偏向于静态，数据互动性小，界面过于简陋，美观性和优雅性不足，因此如果想让自己的数据分析的结果优雅地展示出来，很多时候需要借助于网页，在网页上进行样式设置和界面美化，使展示出来的数据图表更加美观，这就是 Web 端数据分析可视化。但实际上，Web 界面代码编写也十分复杂，色彩、界面、功能搭配也是一门大学问，很多专业的数据分析人员及后端人员并不擅长此道，因此为帮助读者简单领略 Web 端数据分析可视化的功能及效果，本章特意介绍一个第三方库 Streamlit，借助 Streamlit 即便是纯后端数据分析人员也能构建简单的 Web 程序，将数据分析结果展示在网页端。

5.1 Streamlit 简介

Streamlit 是一个第三方库，借助 Streamlit 不懂前端的科研人员和数据分析人员也可以将自己的数据分析脚本快速地转换为网页应用，而不需要去考虑路由、协议、HTML、CSS 这些网站专业技术。Streamlit 开包即用，如果脚本更改或者数据发生改变，前端则会相应地做出变化，十分便捷。Streamlit 的官网为 https://streamlit.io/，在浏览器网址栏输入这个网址即可访问 Streamlit 的官网。如图 5-1 所示，在官网可以查看相应的代码示例和说明文档，本章仅抛砖引玉，进行简要介绍，并使用 Streamlit 构建一个简单的 Web 可视化界面。

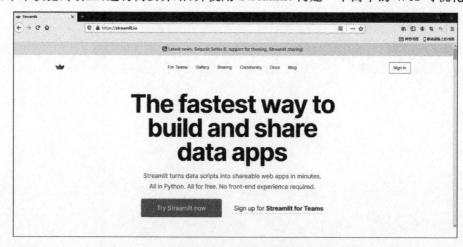

图 5-1 Streamlit 官网

5.2 安装 Streamlit

与安装其他第三方库一样，在 PyCharm 左下角单击 Terminal 按钮，会弹出当前虚拟环境（venv 开头）的路径，在后面输入 pip install streamlit 命令，输入后按 Enter 键，程序会自动下载并安装。由于版本兼容问题，此次并没有指定 pip 的镜像源参数（如-i https://pypi.tuna.tsinghua.cn/simple），而是直接下载并安装，安装完成后的提示如图 5-2 所示。

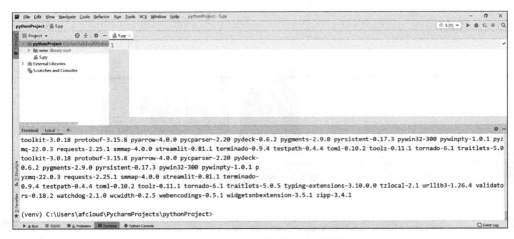

图 5-2　Streamlit 安装完成示例图

5.3 Streamlit 开发

本次使用 Streamlit 开发一个简单的 Web 界面，展示不同可视化库的绘图效果，这里选用 Matplotlib、Plotly、Altair 及 Streamlit 自带的图表。当然在正式开发之前，读者需先参照上述 Streamlit 的安装方法，自行安装 Plotly、Altair 两个库。最后的界面效果如图 5-3～图 5-6 所示。

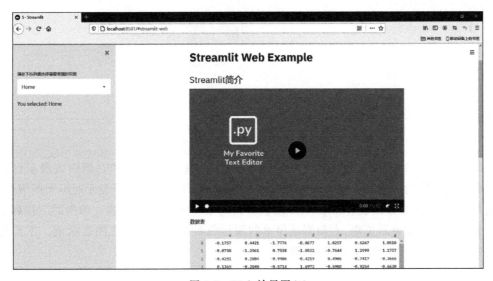

图 5-3　Web 效果图（1）

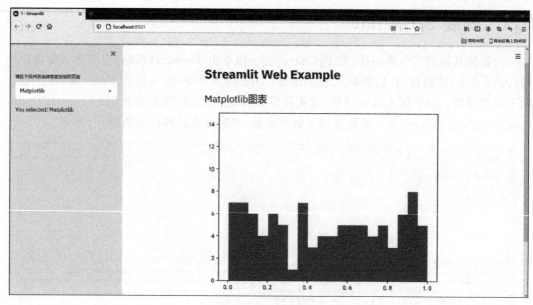

图 5-4 Web 效果图(2)

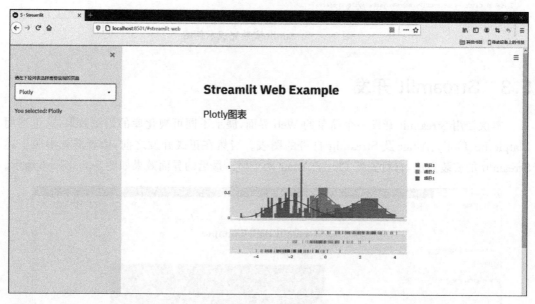

图 5-5 Web 效果图(3)

此次开发的 Streamlit Web 程序较为简单,主要由左侧侧边栏和右侧图表展示区两部分组成。左侧侧边栏采取下拉菜单方式完成,可以查看几种可视化图表库的不同图表效果,分别是 Streamlit 自带图表、Matplotlib 图表、Plotly 图表和 Altair 图表。单击后下拉列表下方的文字会相应地显示选项,右侧则是简单的展示每种图表库的一张图表示例。下面分步讲述如何开发这样一个简单的 Web 脚本。

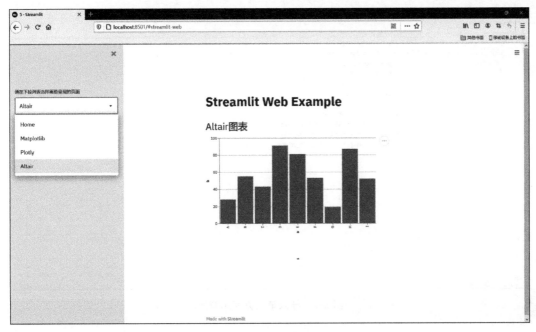

图 5-6　Web 效果图(4)

5.3.1　导入第三方库

5.2 节讲解了如何安装 Streamlit，并建议将其他第三方库(如 Matplotlib、Plotly、Altair)一并安装，为方便后续使用，下面将这几个库一并导入，代码如下：

```
//第5章/5.3.1/引入第三方库
import streamlit as st
import pandas as pd
import numpy as np
import altair as alt
import plotly.figure_factory as ff
import matplotlib
matplotlib.use('TkAgg')
matplotlib.get_backend()
import matplotlib.pyplot as plt
plt.rcParams['font.sans-serif'] = ['SimHei']
plt.rcParams['axes.unicode_minus'] = False
```

细心的读者可能会发现这段代码在导入 Matplotlib 之后，又添加了其他内容，这是为了避免 Matplotlib 图标不显示及汉字字体不显示等问题。如果一切正常，则导入后的效果如图 5-7 所示，如果提示缺少一些库，则按提示安装即可。

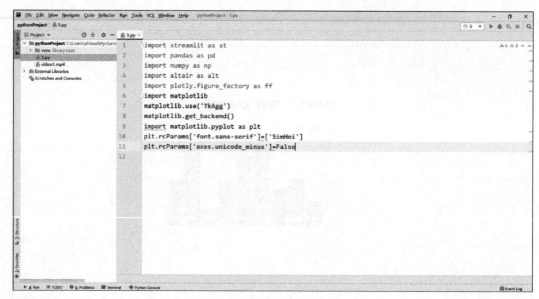

图 5-7　导入第三方库示意图

5.3.2　添加标题和侧边栏

下面先为程序添加一个标题,相当于网站的名称,这里的标题为 Streamlit Web Example,代码非常简单,代码如下:

```
#标题
st.title("Streamlit Web Example")
```

然后增加一个侧边栏的下拉选择框,代码如下:

```
#侧边栏选择框
option = st.sidebar.selectbox(
    '请在下拉列表选择需要呈现的页面',
    ['Home','Matplotlib','Plotly','Altair'])
st.sidebar.write('You selected:', option)
```

这段代码将下拉菜单的按钮设置为 4 个,名称分别为 Home、Matplotlib、Plotly、Altair,并将用户选取的按钮值赋值给变量 option。代码完成后,如果要查看代码的运行效果,在 PyCharm 左下角单击 Terminal 按钮,则会弹出当前虚拟环境(venv 开头)的路径,在后面输入 streamlit run 5.py 命令并按 Enter 键即可。5.py 是当前脚本的文件名,读者可以根据自己的实际情况命名。streamlit run 5.py 命令执行后 PyCharm 左下角会弹出页面的 URL 网址,同时弹出默认浏览器打开页面。如果用户没有设置默认浏览器或者浏览器没有弹出,则可以自行复制 URL 并在任意浏览器打开。程序执行的界面如图 5-8 所示,页面显示效果如图 5-9~图 5-10 所示。

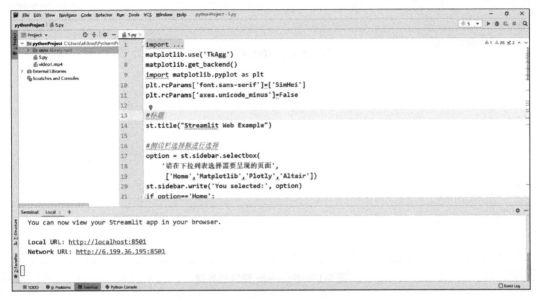

图 5-8　Streamlit 执行示意图

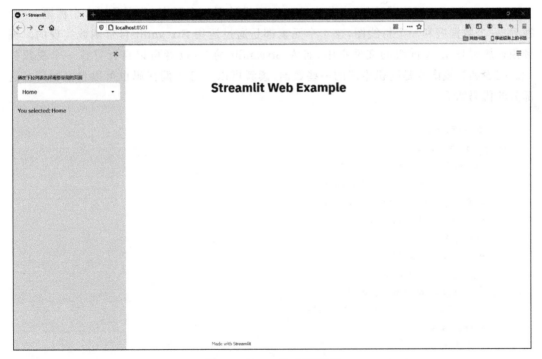

图 5-9　Streamlit 标题界面

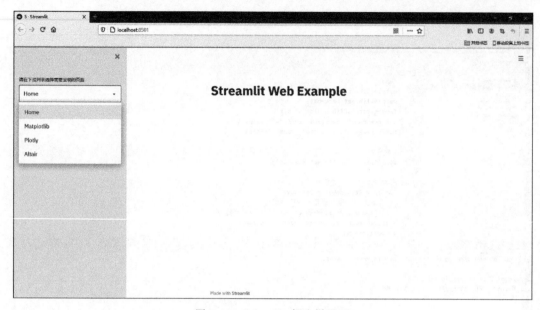

图 5-10 Streamlit 侧边栏界面

5.3.3 为 Home 选项制作界面

Home 为 option 的默认值，本节为 Home 页设计了 4 个元素，分别是一个小标题、一个视频、一个数据表和一个折线图，这 4 个元素都是通过运用 Streamlit 自带函数实现的。视频预先放到与 5.py 同级的文件夹中，名为 Streamlit 简介，读者可以自行寻找一个视频替代。图表和折线图则是随机生成的一些数据，读者可以参考示例代码也可以自己制订。这部分的代码如下：

```
//第 5 章/Home 设计：
if option == 'Home':
    st.header('Streamlit 简介')
    video_file = open('video1.mp4', 'rb')
    video_Bytes = video_file.read()
    st.video(video_Bytes)
    #数据表
    st.write('数据表')
    chart_data = pd.DataFrame(
        np.random.randn(20, 7),
        columns=['a', 'b', 'c', 'd', 'e', 'f', 'g'])
    chart_data
    #条形图
    st.write('条形图')
    st.bar_chart([1,2,3,4,5,6,7])
```

这段代码的含义是当 option 选项值为 Home 时，执行代码后创建页面并显示 4 个元素。代码执行完成后在浏览器中刷新，执行的效果如图 5-11 所示，因内容过多，纵向无法完全显示，所以图 5-11 中的值只保留了一部分供读者对比。

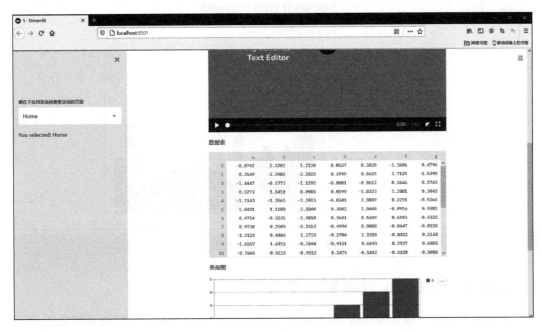

图 5-11　Home 页面

5.3.4　为 Matplotlib 选项制作界面

下面为 Matplotlib 页面编写代码，也需要指定 option 的值。同时为对应下拉列表的功能，使用 if-elif-else 结构。Matplotlib 页面比较简单，此处只设计了一个元素，即简单柱状图，代码如下：

```
//第 5 章/5.3.4/Matplotlib 设计
elif option == 'Matplotlib':
    st.header('Matplotlib 图表')
    a = np.random.rand(100)
    plt.hist(a,bins = 20) #100 个值进行 20 等分
    plt.ylim(0, 15) #限制 y 轴高度:0→15
    st.pyplot()
else:
    pass
```

代码完成后在浏览器中刷新，执行的效果如图 5-12 所示。

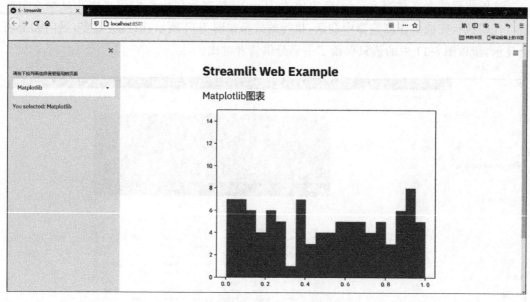

图 5-12　Matplotlib 页面

5.3.5　为 Plotly 选项制作界面

下面为 Plotly 页面编写代码，也要指定 option 的值，同时为对应下拉列表的功能，继续使用 if-elif-else 结构。与 Matplotlib 页面相同，只设计了一个元素，即一幅复合图，代码如下：

```
//第 5 章/5.3.3/Plotly 设计
elif option == 'Plotly':
    st.header('Plotly图表')
    x1 = np.random.randn(100) - 2
    x2 = np.random.randn(100)
    x3 = np.random.randn(100) + 2
    #分组
    hist_data = [x1, x2, x3]
    group_labels = ['项目1', '项目2', '项目3']
    #创建图表
    fig = ff.create_distplot(
        hist_data, group_labels, bin_size=[.1, .25, .5])
    #Plot!
    st.plotly_chart(fig)
else:
    pass
```

代码完成后在浏览器中刷新，执行的效果如图 5-13 所示。

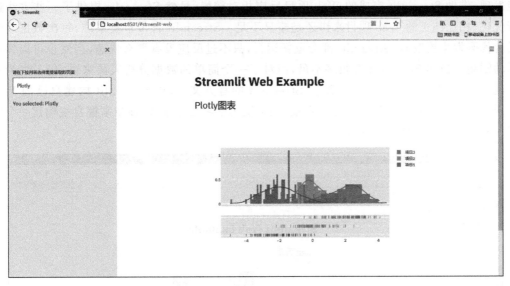

图 5-13　Plotly 页面

5.3.6　为 Altair 选项制作界面

下面为 Altair 页面编写代码，也需要指定 option 的值，同时为对应下拉列表的功能，继续使用 if-elif-else 结构。与 Matplotlib 页面相同，同样只设计了一个元素，即一幅复合图，代码如下：

```
//第 5 章/5.3.4/Altair 设计
else:
    st.header('Altair 图表')
    data = pd.DataFrame({
        'a': ['A', 'B', 'C', 'D', 'E', 'F', 'G', 'H', 'I'],
        'b': [28, 55, 43, 91, 81, 53, 19, 87, 52]
    })
    c1 = alt.Chart(data).mark_bar(
        color = "red"
    ).encode(
        x = 'a',
        y = 'b'
    ).properties(
        width = 500,
        height = 300
    )
    st.altair_chart(c1)
```

代码完成后在浏览器中刷新，执行的效果如图 5-14 所示。

至此，已经借助 Streamlit 完成了一个小型的 Web 数据可视化项目。当然有兴趣的读者可以结合第 4 章的数据分析可视化，尝试进行数据分析 Web 可视化，即在 Web 端单击选项后，后端再进行计算，然后将参数返回前端，以便呈现计算后的效果。不过细心的读者可能发现,借助 Streamlit 完成的 Web 项目反应相对较慢,虽然 Streamlit 提供了一些方法进行优化,相比纯正的 Web 项目来讲还是略显不足。Streamlit 自带审查系统,每次数据或者后台代码发生更改时,Streamlit 都会重新运行,只不过反应没有那么快速,当然也可以每次手动刷新。虽然 Streamlit 有很多不足,但对于一个简单的数据分析人员来讲,仍不失为一件利器,有兴趣的读者可以仔细阅读 Streamlit 的官方文档,用 Streamlit 构建自己的 Web 应用。如果读者对性能和外观比较看重,则可继续学习后续章节,逐步掌握自主构建一个完整 Web 可视化项目的所有技术。

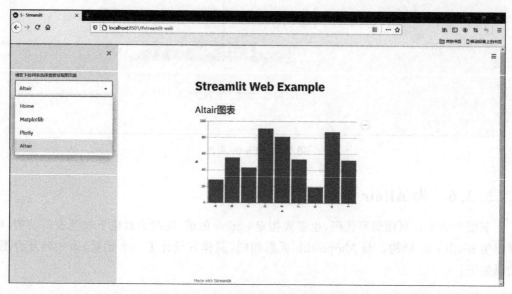

图 5-14 Altair 页面

第三篇　登堂入室

第三篇　登堂入室

第 6 章 Web 开发简介

6.1 Web 框架简介

第 5 章借助 Streamlit 完成了一个简单 Web 程序的开发。从本章起将开始着手正式的 Web 开发。请读者思考一下,作为一个 Web 网站,当用户单击页面中的按钮时到底发生了什么?这一切又是如何运作的呢?

其实简单来讲,任何一个 Web 网站都可以分为两部分,前端(客户端)和后端(服务器端)。前端主要负责界面的呈现和信息的传递,后端主要负责信息的处理。举个例子,基本任何一个网站除缤纷的页面外都会有一些按钮或者菜单,当用户单击网站的一个按钮或者菜单时,前端会把单击按钮的行为及单击的按钮内容传递给后端,后端根据传递的数据进行计算并返回新的结果,当然这个所谓的结果也有许多类型,可能是一个数据,也可能是一个新的页面,然后前端再把结果呈现出来。

这个过程涉及许多知识,首先前端和后端的通信涉及 HTTP、TCP 协议,其次前端的设计和编写涉及 HTML、CSS、JavaScript 等知识,最后后端的编写涉及编程语言、路由管理、数据库管理、CGI、FASTCGI、WSGI、Linux 等相关知识。仅看到这些词汇就给人一种浩如烟海的感觉,如果把上面提到的每种相关知识学好学透再进行设计开发,则所花费的时间成本真的非常之高。幸好,IT 界的先行者们留下了一份宝贵的财富,那就是 Web 框架。本着不重复造轮子的原则,先行者们将他们在上述基础上搭建好的 Web 框架公之于众,后来者仅仅按照框架的规则进行编写即可完成众多常用功能的开发,使自己的应用快速上线,而不需要什么都自己从头设计开发。如果只是以应用为主,并不是为研究,则框架是一个好东西。它大大降低了学习成本和时间成本,并且比一般开发者编写的程序拥有不错的性能。

每种语言都有自己的 Web 框架,Python 也不例外。Python 的 Web 开发框架众多,例如 Django、Flask、Pyramid、Tornado、Twisted、Quixote、Vibora、Bottle、Falcon 等。每种框架都有自己的特色,有的扩展性强,有的小巧,有的并发性高,有的成长性强,有的资源丰富。本书以 Django 框架为主,其他的框架不做过多介绍,有兴趣的读者可以自行查阅。Django 是一个 MTV 模式的框架,采用模型、模板、视图的概念组织内容。它的核心理念是 more is less,即多就是少,意思是 Django 框架相对其他框架来讲大而全,内置的内容比较多,框架本身集成 ORM、模型绑定、模板引擎、缓存、Session 等诸多功能,使用者二次开发的烦恼较少,对使用者来讲很多功能可以直接使用,十分方便。

6.2 Bootstrap 简介

6.1 节提到，一个完整的 Web 项目实际上包含前端和后端两部分。本书的后端开发以 Django 框架为主，前端则使用 Bootstrap。Django 帮助快速实现网站的常用功能，但是如果想要自己的网站拥有一个漂亮的界面，还是需要自己去设计并动手编写。鉴于独立编写界面的难度较大，这里介绍 Bootstrap。Bootstrap 的官网网址是 https://v3.bootcss.com/，在浏览器地址栏输入网址即可访问，如图 6-1 所示。

图 6-1 Bootstrap 官网

Bootstrap 在很多介绍中被定义为一个优秀的 Web 框架，但本人更倾向于认为它是一个优秀的前端库。使用 Bootstrap 时既可以本地安装，也可以直接在页面中引入链接，用 CDN 的方式直接使用，十分方便，如图 6-2 所示。

图 6-2 Bootstrap 使用方式

Bootstrap 提供基本前端可能会用到的所有元素，包括各种 CSS 样式、组件、JavaScript 插件等，根据自己需要把相应代码直接复制过去，再做简单修改即可。如图 6-3～图 6-5 所示，网址常用的排版、表单、表格、按钮、图片、菜单、导航、分页、弹出框等元素 Bootstrap 都已分门别类整理好，需要时只需完成选择、粘贴、修改等操作，大大降低了使用者独立开发的难度。

图 6-3　Bootstrap 组件

图 6-4　Bootstrap 插件

图 6-5　Bootstrap 样式

6.3　Django 和 Bootstrap 初步

简单了解 Django 和 Bootstrap 后，下面用一个简单的例子演示如何结合 Django 和 Bootstrap 来开发一个极其简单的网站。这个网站只有一个登录页面，当浏览器通过网址访问时弹出登录页。

6.3.1　新建项目并配置虚拟环境

为避免和之前的示例相混淆，同时练习如何配置虚拟环境，本节在 D 盘 BookExample 文件夹下新建一个项目文件夹，命名为 Example1，然后用 PyCharm 打开。打开后的项目空无一物，如图 6-6 所示。

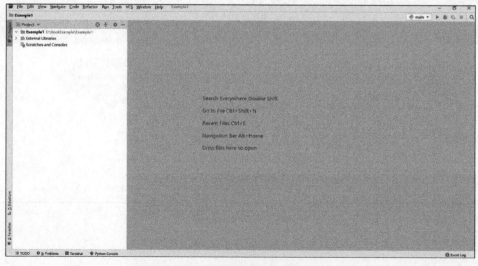

图 6-6　新建项目文件夹

建好文件夹后，重新配置虚拟环境，这里仍然选择之前的 Python 3.7 版本，如图 6-7 所示。

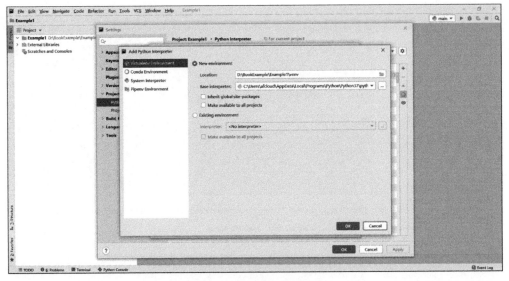

图 6-7　重新配置虚拟环境

配置好虚拟环境后重新检查一遍，此时 Python 解释器应该已显示配置完成，并且项目左侧会多出一个 venv 文件夹，如图 6-8 所示。如果以上步骤无误，则说明虚拟环境已配置完成。

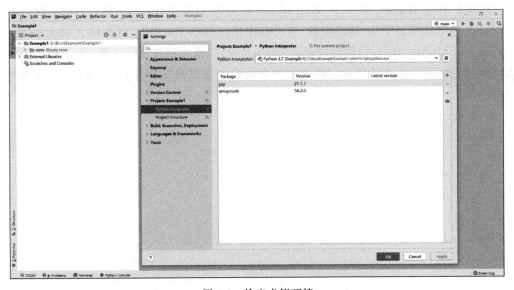

图 6-8　检查虚拟环境

6.3.2　安装 Django

与其他第三方库一样，Django 框架也是一个单独的库，需要单独安装。在 PyCharm 左下角单击 Terminal 按钮，会弹出当前虚拟环境（venv 开头）的路径，在后面输入 pip install django 命令，输入后按 Enter 键，程序会自动下载并安装。当然，为加快下载速度也可以在上述命令后面加上镜像源参数，如-i https://pypi.douban.com/simple。安装完成后的提示如图6-9所示。

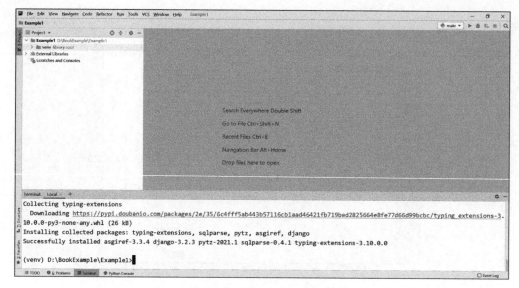

图 6-9　Django 安装完成

6.3.3　切换路径

前面介绍过 Django 是一个 Web 框架，下面开始使用 Django 创建 Web 项目。在 PyCharm 左下角单击 Terminal 按钮，在当前虚拟环境（venv 开头）后面输入 django-admin startproject MySite 命令，以便创建新的 Django 项目，输入后按 Enter 键，程序会自动创建 Django 项目。完成后在项目最左侧的文件夹结构内会出现一个 MySite 文件夹，如图 6-10 所示。

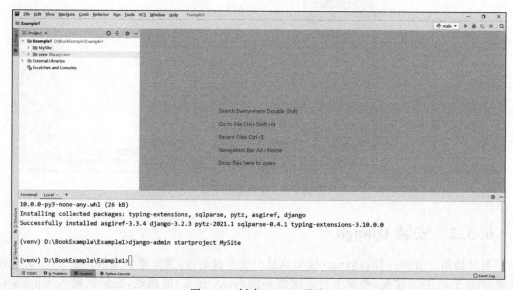

图 6-10　创建 Django 项目

后续大部分操作会在 MySite 文件夹内进行,因此需要将路径切换到该文件夹下。在当前虚拟环境下(Terminal)再次输入命令 cd MySite,然后按 Enter 键执行。如图 6-11 所示,执行后可以看到在命令行输出的路径已经发生变化,同时也可以打开 MySite 文件夹看一下它的文件结构和内容。MySite 文件夹内包含两部分,一个是一个单独的文件,名称为 manage.py,另一个是一个同名的 MySite 文件夹,打开后里面有 5 个 Python 文件。其中 settings.py 文件负责更改项目设置,urls.py 文件负责配置项目路由,先简单介绍这两个文件,其余的文件读者可以参考 Django 官方文档的相关内容,链接为 https://docs.djangoproject.com/en/3.2/intro/tutorial01/。

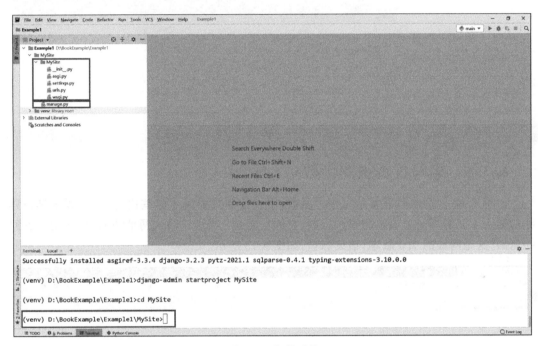

图 6-11 切换路径

6.3.4 新建应用

一个项目可能会被划分为多个功能模块,每个模块在 Django 中被称为应用,下面为此项目添加一个 log 应用,负责实现与登录相关的功能。

在当前虚拟环境下(Terminal)再次输入命令 python manage.py startapp log,然后按 Enter 键执行。如图 6-12 所示,执行后可以看到,MySite 文件夹下多出来一个 log 文件夹。打开 log 文件夹,其目录结构如图 6-12 中方框所示。log 文件夹中的文件较多,这里只介绍几个常用的文件。models.py 文件负责建立数据库字段模型,views.py 文件负责编写视图,admin.py 文件负责控制管理员后台显示哪些内容。其他的后续项目会逐渐一一接触。

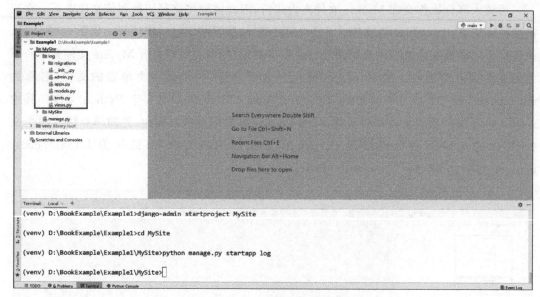

图 6-12　新建应用 log

6.3.5　编写首页视图函数

简单来讲,视图函数就是编写一个函数,用于控制页面显示哪些内容,以及页面具备哪些功能。下面编写一个简单的视图函数,它的功能是:当用户输入网址访问时,向用户返回一句话"这是网址的 1.0 版本,请见谅!",如图 6-13 所示。

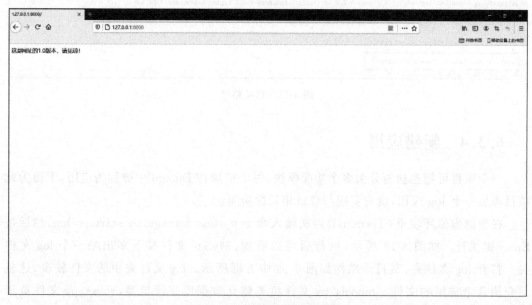

图 6-13　首页视图函数效果图

打开 log 文件夹下的 views.py 文件,然后在文件内输入如下代码:

```
#导入HttpResponse
from django.http import HttpResponse
#定义视图,控制首页返回内容
def index(request):
    return HttpResponse("这是网址的1.0版本,请见谅!")
```

程序编写完成的效果如图 6-14 所示。

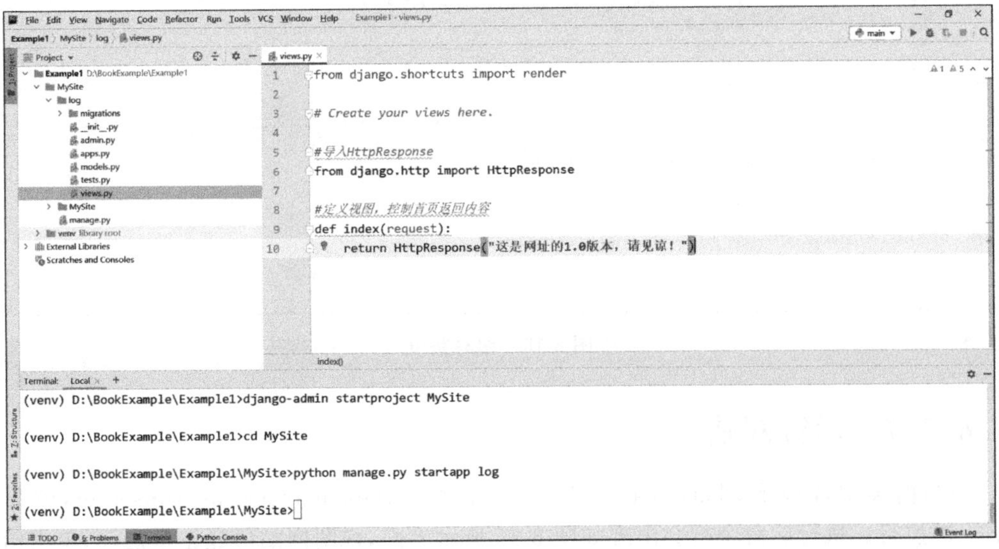

图 6-14　编写首页视图函数

6.3.6　编写路由函数

打开与 log 同级的 MySite 文件夹,然后打开其中的 urls.py 文件,然后在文件内输入如下代码:

```
//第6章/6.3.6/urls.py
from django.contrib import admin
from django.urls import path
#新增导入
from log import views

urlpatterns = [
    path('admin/', admin.site.urls),
    #新加代码
    path('', views.index, name = 'index'),
]
```

编写完成的效果如图 6-15 所示。这段代码的作用是当访问网站时,执行 index()函数,index()函数来自于 log 文件下的 views.py 文件,该函数的作用是返回"这是网址的1.0版本,请见谅!"这句话。

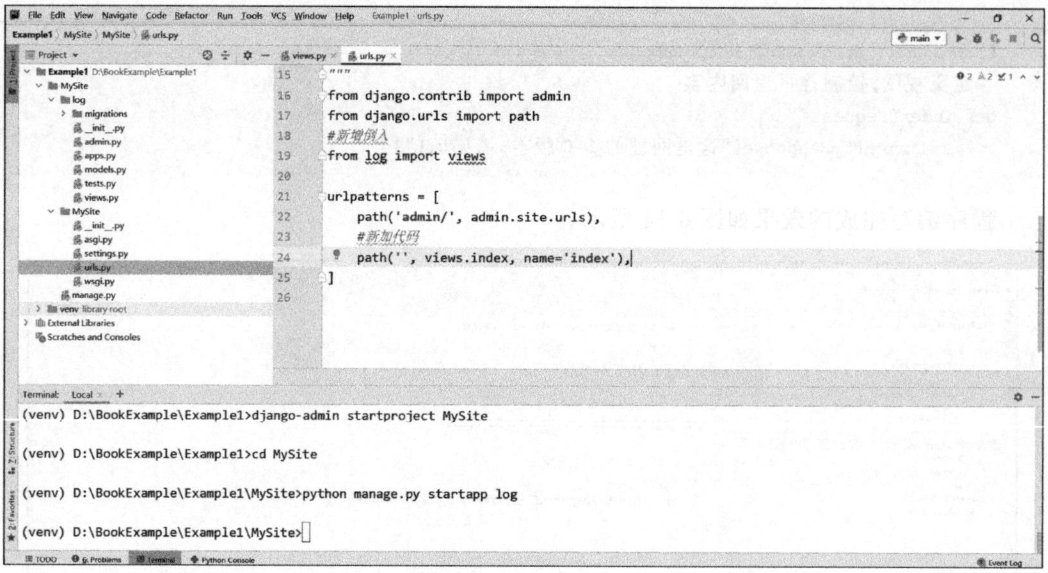

图 6-15　编写路由

6.3.7　运行网站

在当前虚拟环境下(Terminal)再次输入命令 python manage.py runserver，然后按 Enter 键执行。执行后命令行会出现如图 6-16 所示界面，说明网站已经正常启动，单击给出的网址链接即可访问，当然把网址复制到浏览器打开也会弹出如图 6-13 所示的效果。如果想要网站停止运行，则可勾选虚拟环境命令输入处，在键盘上按组合键 Ctrl+C 即可。

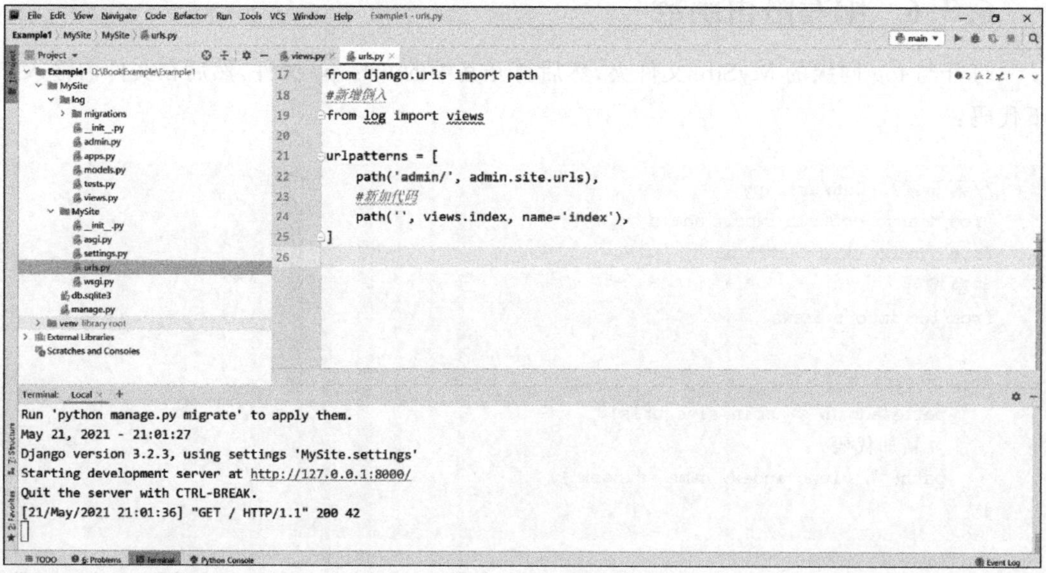

图 6-16　运行网址

6.3.8 新建模板文件

上述完成的是一个最简单的网站首页,实在过于简陋,下面将依次为其创建一个稍显优雅的界面,最终效果如图 6-17 所示。

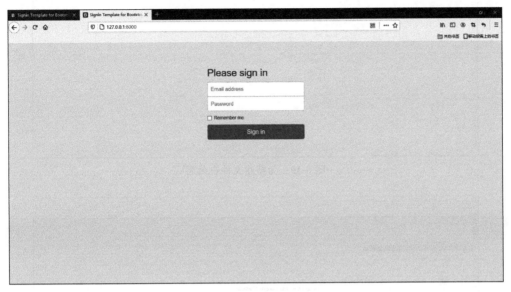

图 6-17 修改后的登录页

首先在 log 目录下新建一个文件夹,命名为 templates,意为存放 HTML 页面的模板文件夹。建立过程如图 6-18 和图 6-19 所示,建好后的效果如图 6-20 所示。

图 6-18 新建文件夹选项

然后在 templates 文件夹下同样新建一个 HTML 文件,命名为 index,创建过程如图 6-21 和图 6-22 所示,效果如图 6-23 所示。

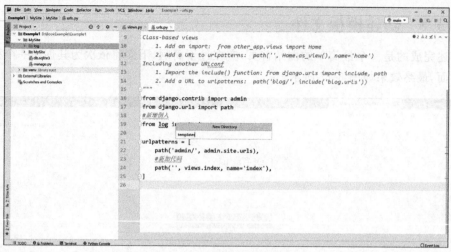

图 6-19　为新建文件夹命名

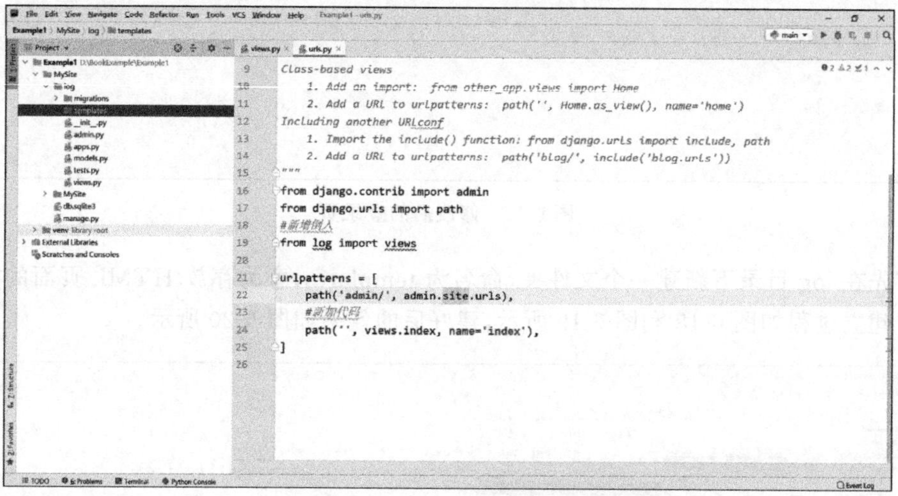

图 6-20　templates 文件夹创建完成

图 6-21　新建 HTML

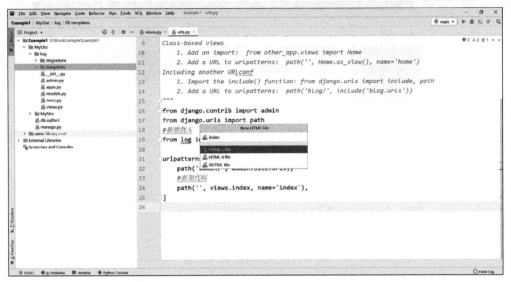

图 6-22　为 HTML 命名

图 6-23　HTML 创建完成

6.3.9　编写登录页 HTML

前面介绍过,Bootstrap 是一个前端组件库,很多代码可以直接使用,下面体验一下这个过程。

在 https://v3.bootcss.com/getting-started/ 中打开 Bootstrap 的组件页,然后可以在页面下方找到一些由 Bootstrap 已经写好的参考页面,如图 6-24 所示。

单击"登录页"按钮,然后在空白处右击并选择"查看页面源代码",此处使用的是火狐浏览器,其他浏览器也有类似功能,可自行查看,如图 6-25 所示,此时会弹出当前页面的源代码,如图 6-26 所示。

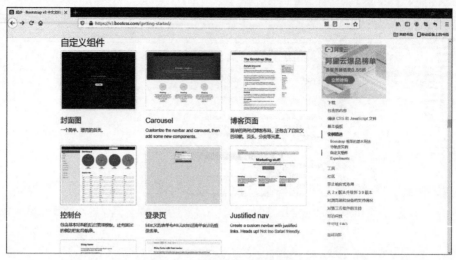

图 6-24　Bootstrap 参考页面

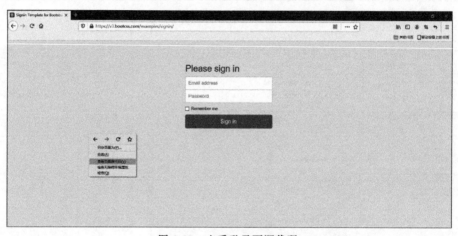

图 6-25　查看登录页源代码

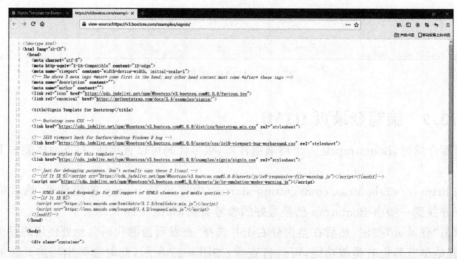

图 6-26　登录页源代码

复制所有代码,然后将代码粘贴到刚刚新建的 index.html 中(记得先删除原有代码),完成后效果如图 6-27 所示。这样就完成登录页 HTML 的内容了。

图 6-27　在登录页 HTML 中粘贴源代码

6.3.10　更改配置

6.3.6 节已经配置好路由,要让路由生效还需要在全局配置文件中声明一下。打开与 log 同级的 MySite 文件夹,打开 settings.py 文件。在 INSTALLED_APPS 内加入 log 应用,如图 6-28 所示,然后打开 log 中的 views.py 文件,将 index() 函数修改为如图 6-29 所示的内容。

图 6-28　在 settings.py 中加入应用 log

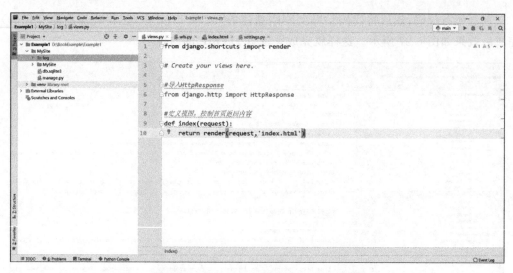

图 6-29 在 views.py 中修改 index()函数

6.3.11 重新运行

在当前虚拟环境下（Terminal）再次输入命令 python manage.py runserver，然后按 Enter 键执行。执行后在浏览器中再次访问 127.0.0.1：8000，正常情况下会弹出如图 6-30 所示页面，说明网站已经正常工作。如果想要网站停止运行，则可勾选虚拟环境命令输入处，在键盘上按组合键 Ctrl+C 即可。

图 6-30 新登录页

至此已经完成一个最简单的 Django 和 Bootstrap 结合的 Web 项目，这里 Django 负责后端的所有事项，Bootstrap 负责前端 HTML 页面的编写，两者分工合作，最终形成一个简单的网站页面。本章以介绍为主，所以并没有设计过多的页面和复杂的功能，只是通过实例让读者了解二者如何配合，以及创建过程如何。接下来将讲解如何在此基础上开发更为复杂的页面和功能。

第 7 章 开发静态网站

7.1 系统功能设计

第 6 章借助 Django 和 Bootstrap 完成了一个简单的 Web 网站的开发,本章将在第 6 章的技术基础上,完成一个静态网站的开发。与大多数 Web 开发类书籍类似,本章也以博客网站为例,从头到尾完成整个网站的设计。这样做的好处有两点,一是网络上同类资料较多,易于学习者旁征博引及相互借鉴;二是博客类网站在开发过程中遇到的问题其实和开发其他网站类似,通用性较强,学会后一通百通。

在正式开发前,先来想个问题,印象中的博客类网站是什么样子,都具备哪些功能?当然可以去百度,也可以去一些博客网站浏览,看一圈之后会发现,虽然想开发的是博客网站,听上去领域很窄,但是博客和信息发布网站、个人空间基本相通。学会如何开发博客网站以后,开发一般的静态网站也会游刃有余。

作为一个博客网站,最基本的功能是信息发布功能和信息记录功能,因为博客的本意就是网络日记,记下自己的故事自己可看,同时在自愿的情况下可以公开,以便让其他人看到。其次随着技术的发展还会增添一些其他的功能,例如登录、权限管理、分类、检索、友链、广告、最新文章、阅读数统计、浏览者记录、评论等。本章开发的是一个私人的博客系统,因此只开发一个最基本的博客,具备登录、后端文章撰写及编辑、前端文章呈现、导航,当然还有查看文章时的分页功能。其他拓展的功能,会给出学习的链接,供有需要的读者学习提高。整体效果如图 7-1～图 7-4 所示。

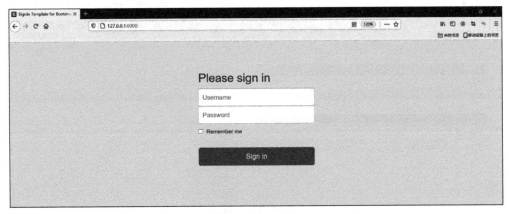

图 7-1 登录页

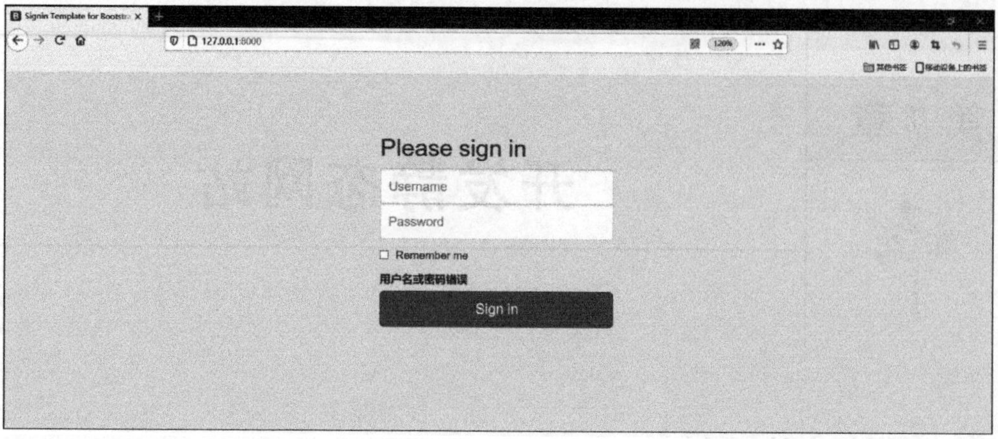

图 7-2 登录错误提示页

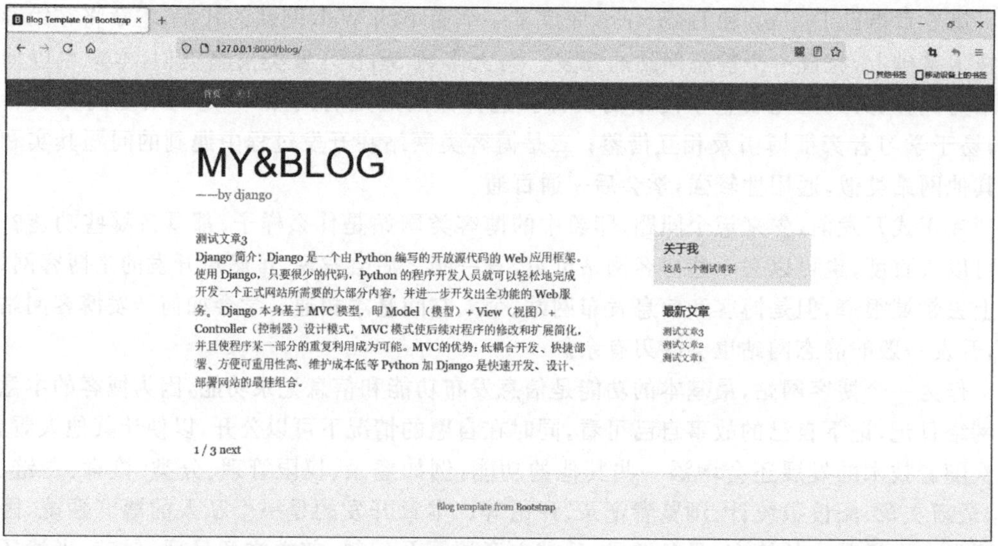

图 7-3 博客页

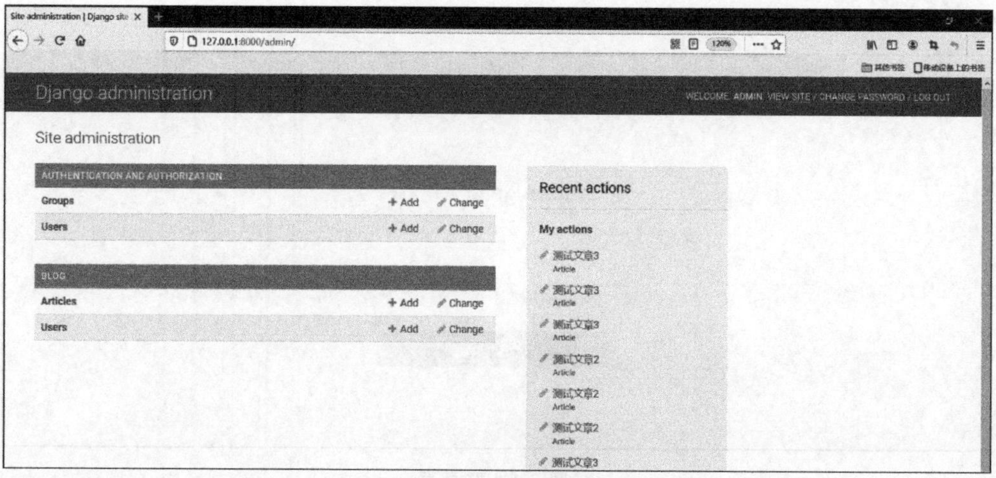

图 7-4 管理页

7.2 系统环境配置

7.2.1 配置虚拟环境

对于任何一个项目，最好给它配置单独的环境，既利于管理，也避免相互干扰。本章先在 D 盘 BookExample 文件夹下新建一个项目文件夹，命名为 Example2，然后用 PyCharm 打开。创建好文件夹后，需要重新配置虚拟环境，这里仍然选择之前的 Python 3.7 版本，配置过程可参照第 6 章，配置完成后安装 Django。最后的目录结构及 Python 解释器情况如图 7-5～图 7-6 所示。

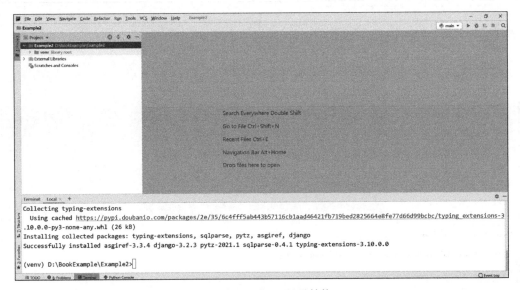

图 7-5　Example2 目录结构

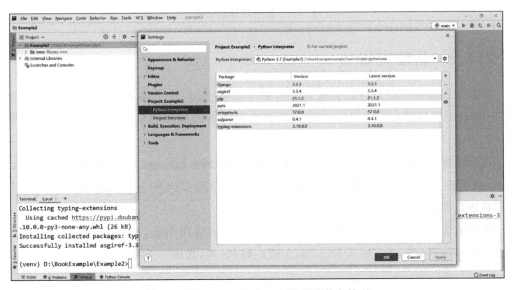

图 7-6　Example2 Python 解释器安装包情况

7.2.2 新建项目

在 PyCharm 左下角单击 Terminal 按钮,在当前虚拟环境(venv 开头)后面输入 django-admin startproject MyBlog 命令,以便创建新的 Django 项目,输入后按 Enter 键,程序会自动创建 Django 项目。完成后在项目最左侧的文件夹结构内会出现一个 MyBlog 文件夹,后续大部分操作会在 MyBlog 文件夹内进行,因此需要将路径切换到该文件夹下。在当前虚拟环境下(Terminal)再次输入命令 cd MyBlog,然后按 Enter 键执行。最后项目的目录结构如图 7-7 所示。

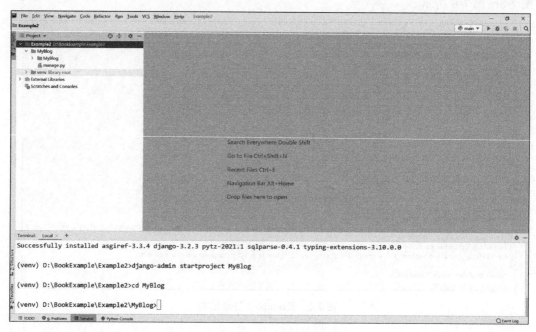

图 7-7 新项目目录结构

7.2.3 新建应用

第 6 章讲过一个项目可能会被划分为多个功能模块,每个模块在 Django 中被称为应用,下面为此项目添加一个 blog 应用,负责实现博客的展示功能,例如展示信息、登录和登出。

在当前虚拟环境下(Terminal)再次输入命令 python manage.py startapp blog,然后按 Enter 键执行。执行后可以看到,MyBlog 文件夹下已经多出来一个 blog 文件夹。最后整个项目的目录结构如图 7-8 所示。

创建完成后,需要将新创建的应用加入 Django 的应用列表,打开 MyBlog 文件夹下的 settings.py 文件,将 blog 加入 INSTALLED_APPS 内,如图 7-9 所示。

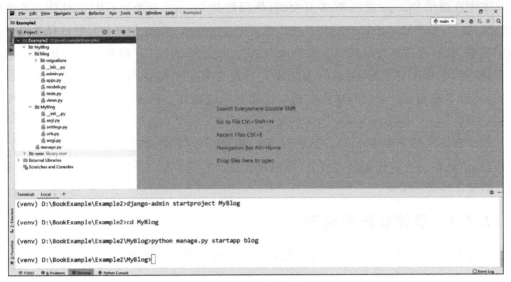

图 7-8　项目目录结构

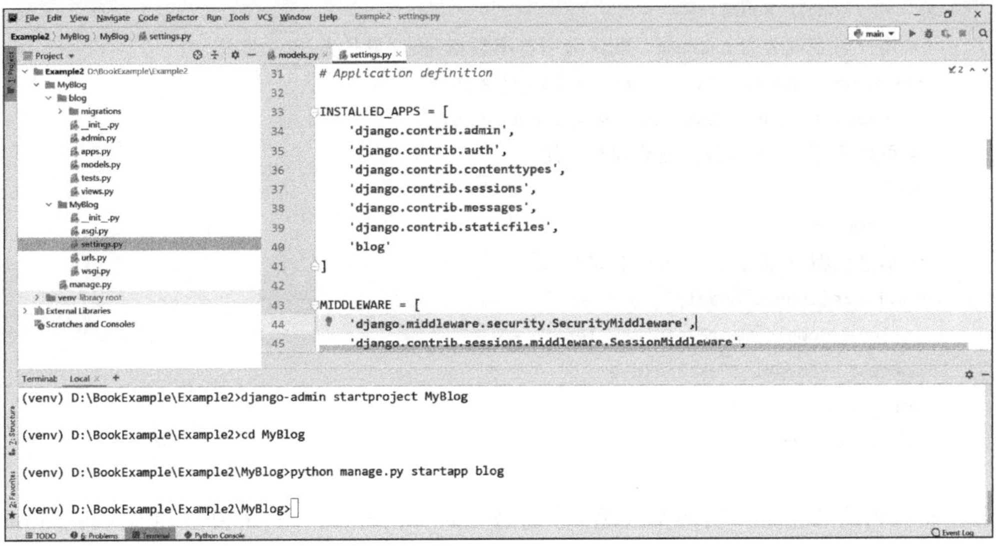

图 7-9　应用加入应用列表

7.3　数据库表设计

项目新建好后就要根据前面设想的功能进行数据库表设计,什么是数据库表设计呢?简单来讲,一个网站一般有一些信息需要存储到数据库中,例如用户的账号、密码、身份证号、手机号、文章标题、文章内容等,那么这些信息如何组织及分类才能使信息在存储、读取、流动的过程中更加合理高效呢?这种信息字段的组织就是数据库设计的重要内容之一。当然数据库设计还涉及数据库的选取、增、查、改、删及数据库优化,数据库设计是一门专门的课程,涉及的内容很多,这里不一一介绍。

本书在使用 Django 进行 Web 开发时,使用的是 Django 自带的 ORM(对象关系映射 Object Relational Mapping,ORM)来操作数据库。Django ORM 使用的大致过程是先创建数据模型,然后通过对数据模型的操作来间接完成数据库的所有相关操作。其优点是可以屏蔽不同数据库的差异,提高开发效率。当然也有一些缺点,不过在初学阶段可以先忽略,等读者在自行开发过程中真的遇到性能瓶颈或者其他问题时再考虑优化或更换也不迟。

本章数据库需要存储的信息有以下几项:用户 id、用户名、密码、文章 id、文章标题、文章内容,因此信息可以简要分为两类,即用户信息和文章信息。下面利用 Django 的 ORM 完成数据库模型的编写。

7.3.1 创建数据库模型

打开 blog 文件夹下的 models.py 文件,在其中输入的代码如下:

```python
//第 7 章/7.3.1/models.py
#用户信息模型、账号、密码、id 会自动生成
class user(models.Model):
    #用户名字段名为 username,默认为字符串类型,长度最长为 50 个字符
    username = models.CharField(max_length=50)
    password = models.CharField(max_length=50)
    #可以不写,写上后台管理端查看方便
    def __str__(self):
        return self.username
#文章信息模型、标题、内容、id 会自动生成
class article(models.Model):
    title = models.CharField(max_length=50)
    content = models.TextField()
    def __str__(self):
        return self.title
```

这段代码的意思是声明两个模型,分别是 user 和 article。user 模型拥有 username 和 password 两个字段,分别用来存储用户名信息和用户密码信息,article 模型拥有 title 和 content 两个字段,分别用来存储文章标题和文章内容。由于数据库在创建时 id 会自动生成,所以 id 不需要手动创建。最终界面如图 7-10 所示。本章使用的数据库是 Django 自带的 SQLite3,因此不需要更改相关配置信息。

编写后在 PyCharm 左下角单击 Terminal 按钮,在当前虚拟环境(venv 开头)后面输入 python manage.py makemigrations 命令,输入后按 Enter 键。这条命令的意思是告诉 Django 对模型做出更改。执行后 Django 会创建模型,界面如图 7-11 所示。

完成后在当前虚拟环境(venv 开头)后面接着输入 python manage.py migrate 命令,输入后按回车键,Django 会进行迁移并自动同步管理数据库,界面如图 7-12 所示。

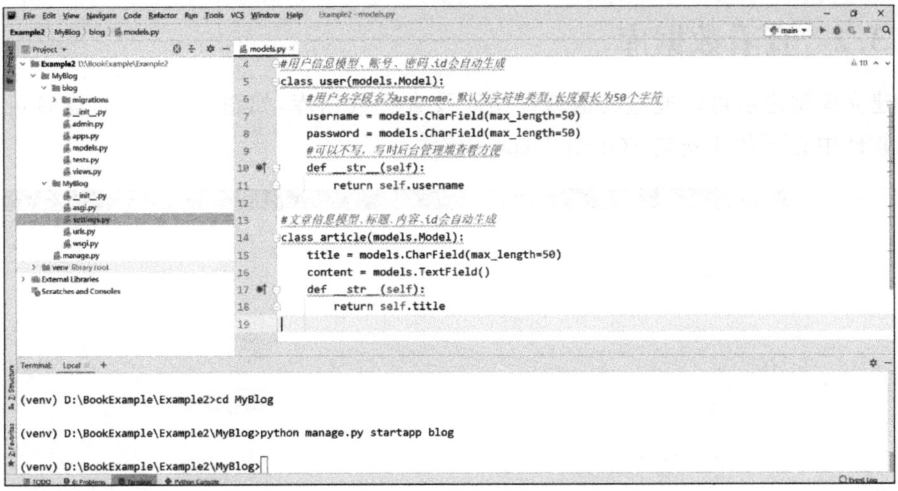

图 7-10 models.py 代码示意图

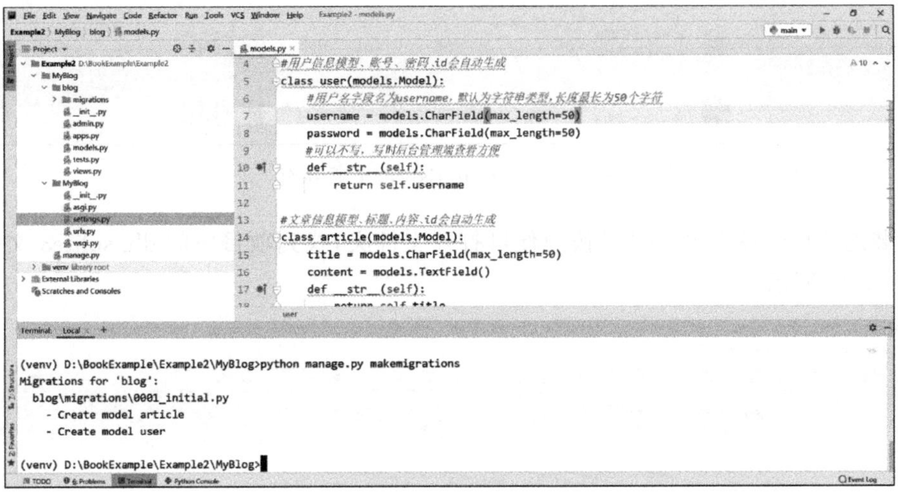

图 7-11 makemigrations 操作

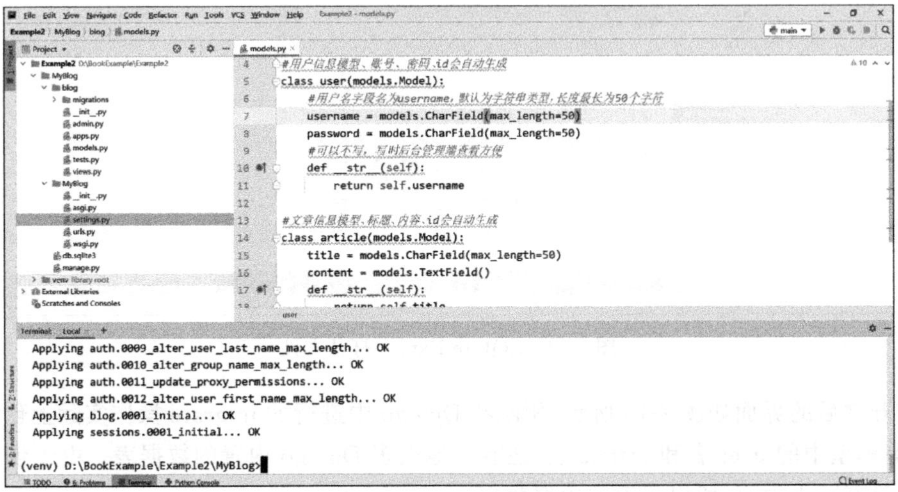

图 7-12 migrate 操作

7.3.2 查看数据库

创建完模型之后可以通过其他软件访问及查看数据库,如图 7-13 所示,读者可以自行在腾讯软件中心下载并安装 SQLite Expert 软件。

图 7-13 SQLite Expert 下载界面

安装之后单击软件的"+"号按钮便可打开文件夹,找到项目中的 db.sqlite3 文件后打开,如图 7-14 所示。

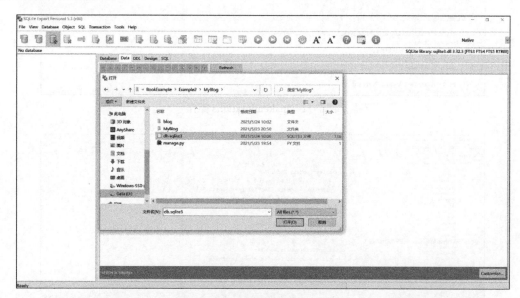

图 7-14 SQLite Expert 打开文件

打开之后的界面如图 7-15 所示,刚刚在 Django 中进行的 migrate 操作实际上创建了很多表,除模型中的 user 表和 article 表,还有其他很多 Django 内置的数据表。由于创建的数据表还没有写入内容,所以里面的内容为空。

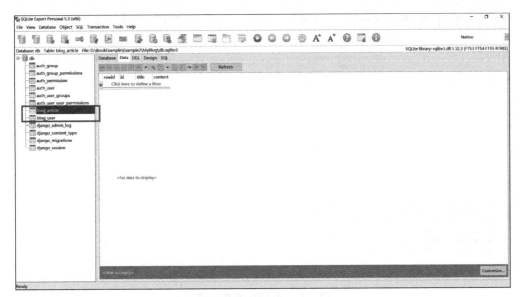

图 7-15　数据库表

7.4　网站博客页设计

7.4.1　新建模板文件夹

在 blog 目录下新建一个文件夹，命名为 templates，意为存放 HTML 页面的模板文件夹，创建好后效果如图 7-16 所示。

图 7-16　templates 文件夹创建完成

然后在 templates 文件夹下新建一个 HTML 文件，命名为 blog，效果如图 7-17 所示。

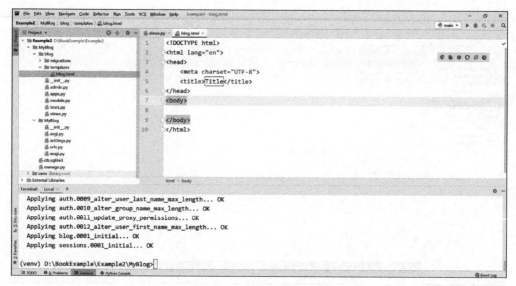

图 7-17　HTML 创建完成

7.4.2　编写博客页 HTML

下面正式开始设计网站的博客页面，为简略起见，还是使用 Bootstrap 提供的模板。本次使用如图 7-18 所示的模板，该模板网址为 https://v3.bootcss.com/examples/blog/。

图 7-18　博客页 HTML 模板

打开页面后，在空白处用鼠标右击"查看页面源代码"，此时会弹出当前页面的源代码，如图 7-19 所示。

复制所有代码，然后将代码粘贴到刚刚新建的 blog.html 中（记得先删除原有代码），完成后的效果如图 7-20 所示。这样就完成了博客页 HTML 的内容。

图 7-19　博客页 HTML 源代码

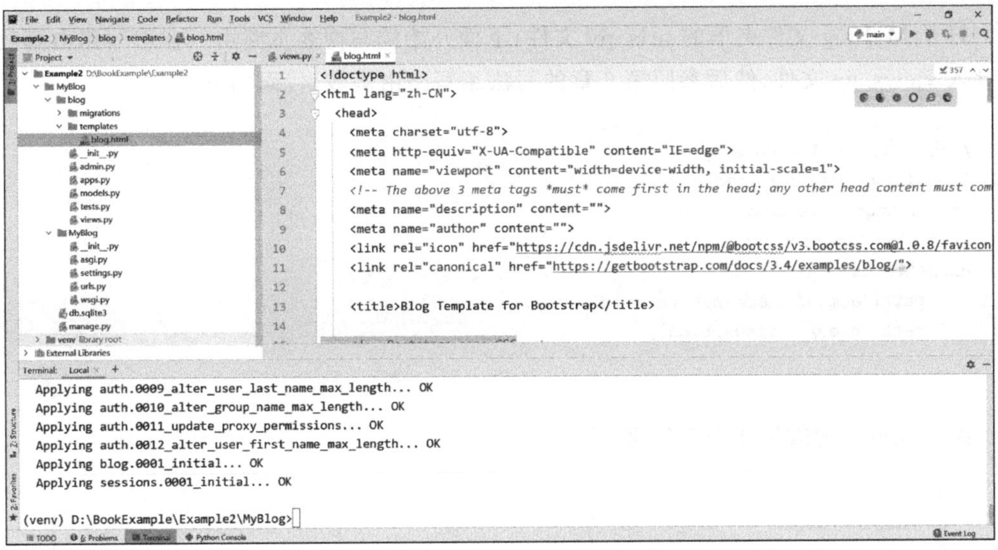

图 7-20　在博客页 HTML 中粘贴源代码

7.4.3　编写博客页视图函数

打开 blog 文件夹下的 views.py 文件，下面开始编写博客页视图函数。这里的博客页面是指登录后呈现的内容页，参照第 6 章的写法可以简单地写出该视图函数，代码如下：

```
def blog(request):
    return render(request,'blog.html')
```

编写完成后的效果如图 7-21 所示。

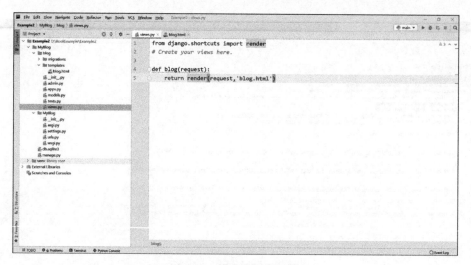

图 7-21 博客页视图函数

7.4.4 添加路由

打开 MyBlog 文件夹下的 urls.py 文件,下面开始编写博客页路由。在编写路由函数前先导入 views.py 文件,然后参照第 6 章的写法编写路由函数,代码如下:

```
//第 7 章/7.4.4/models.py
from django.contrib import admin
from django.urls import path
from blog import views
urlpatterns = [
    path('admin/', admin.site.urls),
    path('blog/', views.blog),
]
```

编写完成后的效果如图 7-22 所示。

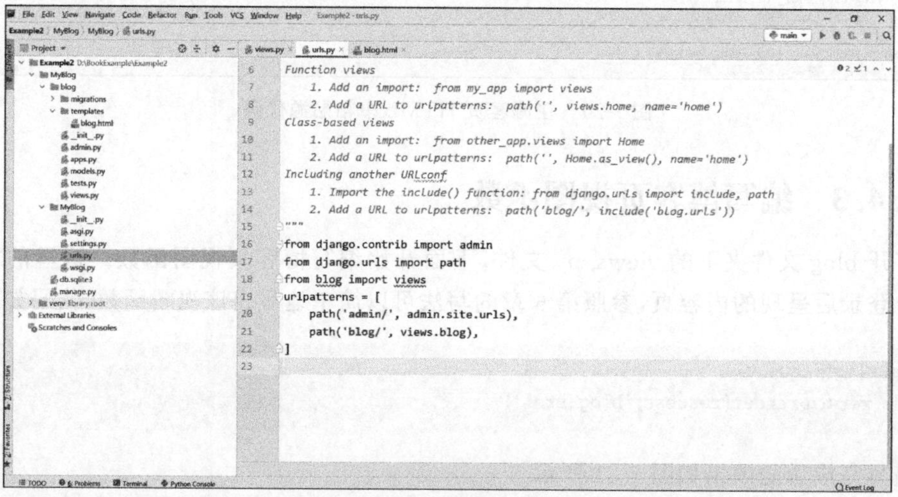

图 7-22 博客页路由函数

7.4.5 运行网站

视图函数和路由函数编写完成后运行网站,以便查看有无异常,方法同第 6 章。在 PyCharm 左下角单击 Terminal 按钮,在当前虚拟环境(venv 开头)后面输入 python manage.py runserver 命令,然后运行。这里需要注意的是声明的视图函数是 blog,并且路由内的名称是 blog/,因此访问时的地址应该是 127.0.0.1:8000/blog。只有路由内的地址为空"",才可以直接访问 127.0.0.1:8000。这个首页默认的地址留给登录页面,后面会补充。在浏览器地址栏输入 127.0.0.1:8000/blog,即可访问博客页面,和 Bootstrap 网站的示例界面一样,如图 7-23 所示。

图 7-23　访问博客页面

7.4.6 修改博客页 HTML

当前的博客页面是官方示例,与个人的需求相比有所不同,下面逐步对 HTML 页面进行修改,直到得出和系统功能设计时相符的界面。

1. HTML 页面结构及布局概述

HTML 文档的内容分为几个层次:

第一层次,整个文档内容包含在一对<html></html>结构中间。这个结构以<html>开头,以</html>结尾。

第二层次,头部引入文件,包括本地文件、CDN、JavaScript 脚本、CSS 样式及标题和声明等,头部内容包含在一对<head></head>结构中。

第三层次,内容文件,即页面的具体内容,内容包含在一对<body></body>结构中。其中的内容又可以划分为一个个区域块,包含在一对对<div></div>结构中。

本书主要使用 Bootstrap 的页面样式和布局,因此关于 Bootstrap 的 CSS 样式,可以查阅该网址仔细阅读 https://v3.bootcss.com/css/。Bootstrap 采用栅格系统来布局页面,将整个页面最多可以分为 12 列(column),然后通过行列数控制媒体块的位置。

2. 操作折叠按钮

打开新建的 blog.html 文件,如图 7-24 所示,单击＜head＞边上的"-"号按钮,可以将整个＜head＞部分折叠,再次单击可以展开。其他所有模块类似,操作相同。

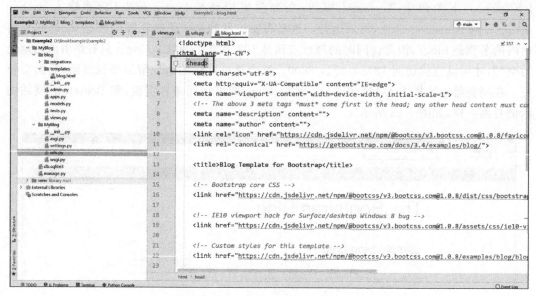

图 7-24 ＜head＞部分折叠按钮

3. 修改导航条

如图 7-25 所示,找到导航条 blog-nav-item 部分的代码,将不需要的部分删掉,将需要更改的部分进行更改,这里将首页和关于页面的英文更改为中文。删除后,在浏览器中刷新,可以查看修改后的效果,如图 7-26 所示,方框内的导航条内容已经变更。

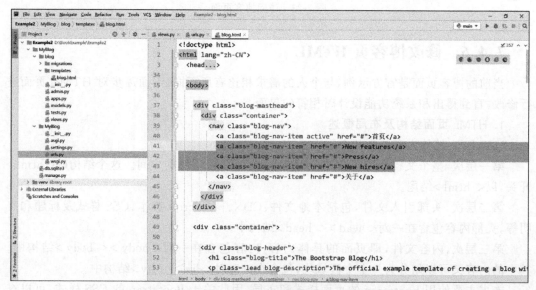

图 7-25 修改导航条代码

第7章 开发静态网站 | 129

图 7-26 导航条修改后的代码

4. 修改文章内容块

原博客页面一共有三篇文章,这里先删掉前两篇,保留最后一篇 Newfuture。如图 7-27 所示,找到文章部分的区块代码 blog-post,将其折叠以便观察。这里一共有 3 个 blog-post 块,对应三篇文章。删掉前两部分,保留第三部分。

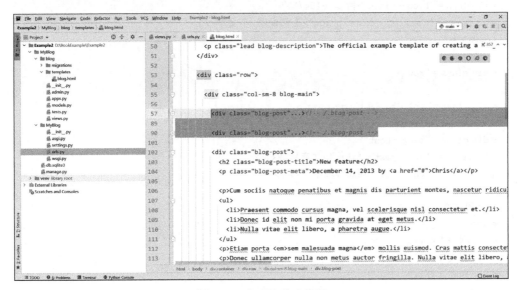

图 7-27 文章块修改代码

第三部分的代码,下面简要解析其结构。整个文章部分包含在一个 div 块中,< h2 ></h2 >结构代表 2 级标题,中间的内容为标题内容。同理,< p ></ p >结构中间为文章的具体段落及内容。< ul ></ul >代表无序列表,< li ></li >代表列表的具体内容。< a ></a >代表超链接。代码如下:

```
//第7章/7.4.6/blog.html
<div class="blog-post">
<h2 class="blog-post-title">New feature</h2>
<p class="blog-post-meta">December 14, 2013 by <a href="#">Chris</a></p>
<p>Cum sociis natoque penatibus et magnis dis parturient montes, nascetur ridiculus mus.
Aenean lacinia bibendum nulla sed consectetur. Etiam porta sem malesuada magna mollis euismod.
Fusce dapibus, tellus ac cursus commodo, tortor mauris condimentum nibh, ut fermentum massa
justo sit amet risus.</p>
<ul>
<li>Praesent commodo cursus magna, vel scelerisque nisl consectetur et.</li>
<li>Donec id elit non mi porta gravida at eget metus.</li>
<li>Nulla vitae elit libero, a pharetra augue.</li>
</ul>
<p>Etiam porta <em>sem malesuada magna</em> mollis euismod. Cras mattis consectetur purus
sit amet fermentum. Aenean lacinia bibendum nulla sed consectetur.</p>
<p>Donec ullamcorper nulla non metus auctor fringilla. Nulla vitae elit libero, a pharetra
augue.</p>
</div><!-- /.blog-post -->
```

为方便读者查看各部分的作用，对其中的内容进行部分更改，更改后的代码如下：

```
//第7章/7.4.6/修改代码
<div class="blog-header">
<h1 class="blog-title">博客头部</h1>
<p class="lead blog-description">头部说明，小文字</p>
</div>

<div class="row">

<div class="col-sm-8 blog-main">

<div class="blog-post">
<h2 class="blog-post-title">文章标题</h2>
<p class="blog-post-meta">段落1</p>

<p>段落2</p>
<ul>
<li>列表1</li>
<li>列表2</li>
<li>列表3</li>
</ul>
<p>段落3</p>
</div><!-- /.blog-post -->
```

修改后的内容如图7-28所示。
修改完成后在浏览器内刷新，效果如图7-29所示。

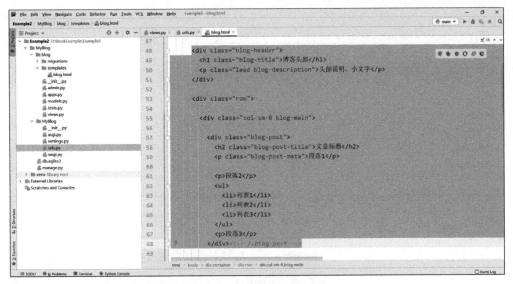

图 7-28 文章块修改后代码

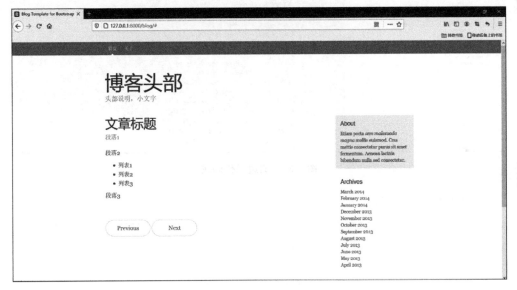

图 7-29 文章块修改后效果

5. 修改侧边栏内容块

侧边栏有三部分内容，分别是"关于""归档"及"其他"。这里更改为"关于我"和"最新文章"列表。在 HTML 中继续寻找，找到 blog-sidebar 部分，如图 7-30 所示。

更改后的代码如下：

```
//第 7 章/7.4.6/侧边修改：
< div class = "col - sm - 3 col - sm - offset - 1 blog - sidebar">
< div class = "sidebar - module sidebar - module - inset">
< h4 >关于我</ h4 >
< p >这是一个测试博客</p>
```

```html
</div>
<div class = "sidebar - module">
<h4>最新文章</h4>
<ol class = "list - unstyled">
<li><a href = "#">文章 1</a></li>
<li><a href = "#">文章 1</a></li>
<li><a href = "#">文章 1</a></li>
</ol>
</div>
</div><!-- /.blog - sidebar -->
```

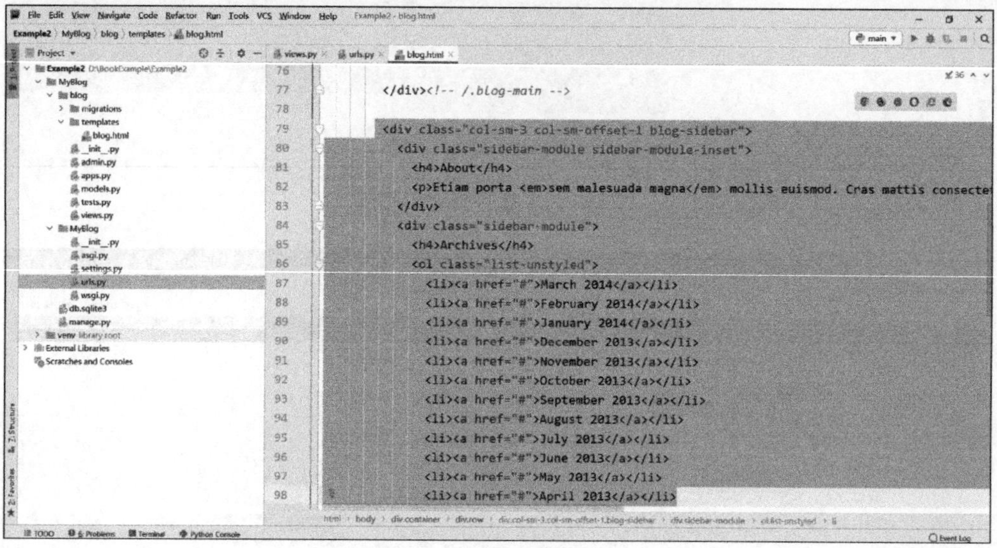

图 7-30 侧边栏代码块

更改后界面如图 7-31 所示。

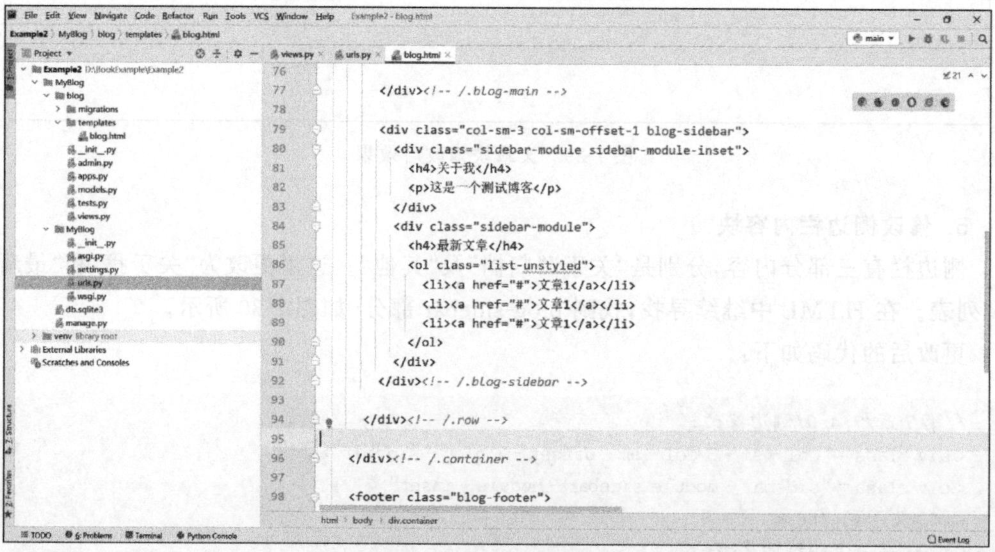

图 7-31 侧边栏修改界面

重新刷新浏览器,效果如图 7-32 所示。

图 7-32　侧边栏修改后效果

6. 修改页脚内容块

找到 footer 部分,如图 7-33 所示。

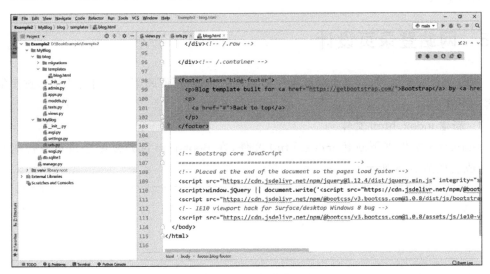

图 7-33　页脚代码

参照上述方法读者可自行修改,这里的更改表明内容的来源,代码如下:

```
<footer class="blog-footer">
<p>Blog template from <a href="https://getbootstrap.com/">Bootstrap</a></p>
</footer>
```

刷新浏览器页面,最终效果如图 7-34 所示。

至此,博客页 HTML 模板已修改完毕。可能有的读者会说,修改后还是很丑。是的,

图 7-34　博客页修改后效果

确实很丑，但是回想一下，在修改出这个很丑的界面的过程中，学习到了什么呢？学习到 HTML 文档各部分的布局，学会如何简单修改各部分，而且这仅是模板，后期会填充内容。如果有读者想对界面的内容，如导航栏和侧边栏再做修改，也可参照上述步骤和 Bootstrap 文档自行尝试。

7.5　网站登录页设计

考虑项目的连续性，登录页继续采用第 6 章的内容，可回顾第 6 章自行添加。这里简要讲解一下步骤。

1. 新建 index.html 文件

templates 文件夹下新建 index.html 文件，在 Bootstrap 网站复制登录页源代码并粘贴，完成后如图 7-35 所示。

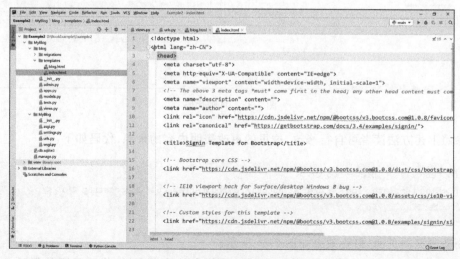

图 7-35　登录页修改后效果

2. 编写视图函数

在 views.py 文件中编写登录的视图函数，完成后如图 7-36 所示。

图 7-36　视图函数修改后效果

3. 添加路由

在 urls.py 文件中添加路由，完成后如图 7-37 所示。

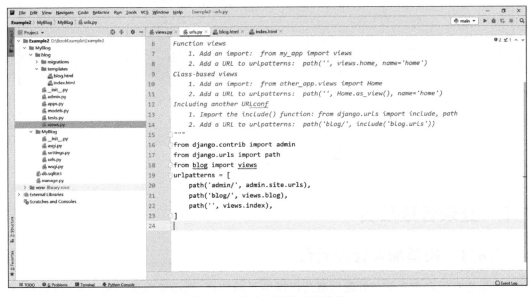

图 7-37　路由函数修改后效果

上述过程全部完成后重新运行网站，访问 127.0.0.1：8000 时会弹出如图 7-38 所示页面，访问 127.0.0.1：8000/blog 时会弹出如图 7-39 所示页面。

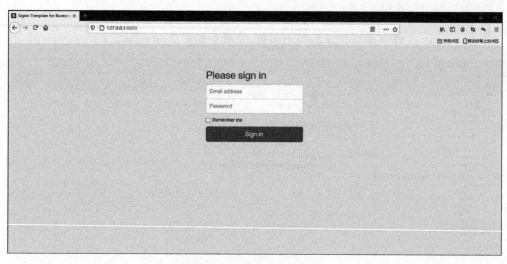

图 7-38 重新运行后的首页

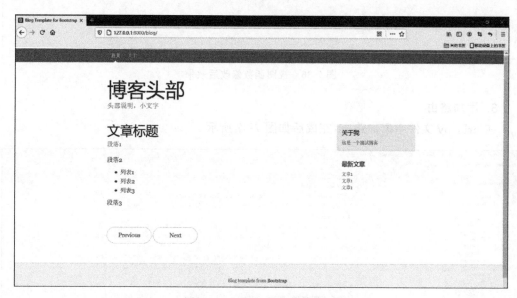

图 7-39 重新运行后的博客页

7.6 登录管理后台

7.6.1 模型加入管理后台

如果想在后台中看到并管理模型及该模型下的数据,则需要将模型加入管理后台。打开 blog 文件夹下的 admin.py 文件,在其中输入的代码如下:

```
from blog.models import user,article
admin.site.register(user)
admin.site.register(article)
```

这段代码的意思是先导入模型文件（models.py）中声明的模型，然后将该模型加入管理后台，即注册模型（register）。完成后的界面如图7-40所示。

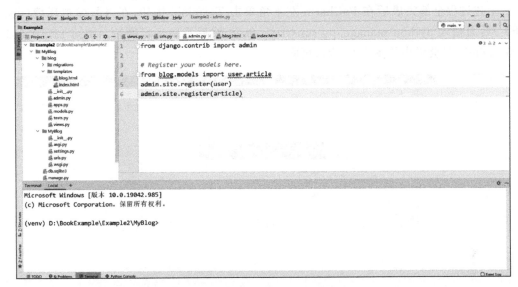

图7-40 模型加入管理的后台界面

7.6.2 创建超级管理员

在左下角Terminal中按组合键Ctrl+C，先停止服务器，然后输入命令python manage.py createsuperuser，从英文名字也可以知道这条命令的作用是创建超级管理员。按Enter键后，会要求输入创建的用户名和密码，读者需自行创建，并牢记。本节案例创建的用户名为admin，密码为adminadmin。参考过程界面如图7-41所示。

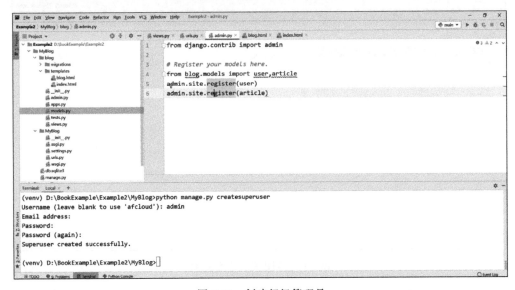

图7-41 创建超级管理员

7.6.3 访问管理后台

上述过程全部完成后在 PyCharm 左下角单击 Terminal 按钮,在当前虚拟环境(venv 开头)后面输入 python manage.py runserver 命令,然后重新运行网站。访问 127.0.0.1:8000/admin 时会弹出如图 7-42 所示页面。

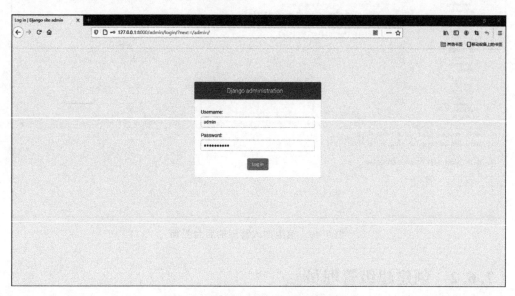

图 7-42 创建超级管理员登录界面

输入刚刚创建的超级用户名和密码,登录后就可以看到如图 7-43 所示的管理界面了。

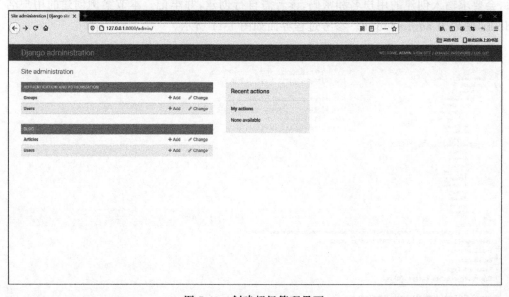

图 7-43 创建超级管理界面

该界面内一共有 4 个模型可以进行管理,前两个是 Django 内置的用户和分组,后两个是自己创建的文章和用户模型。

单击任意模型的 Add 按钮,即可新增相应模型的内容,这里选择 BLOG 应用下的 Article 模型,单击 Add 按钮新增一篇文章。文章和创建的模型一致,只有标题和内容两个字段,这里随意输入一些内容,如图 7-44 所示,输入完成后记得单击 Save 按钮保存内容。

图 7-44　文章模型界面新增内容

保存完成后会自动转到该模型,显示该模型下的所有内容,继续创建 2 篇文章,最后在 Article 模型下一共有 3 篇文章,如图 7-45 所示。

图 7-45　文章模型内容列表

为了便于后期登录时使用,读者需在 BLOG 下的 user 模型中创建一个用户。本书示例所创建的用户名为 user1,密码为 user123456,如图 7-46 所示。

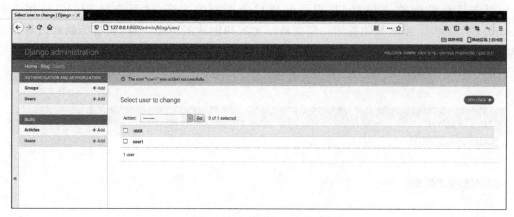

图 7-46　用户模型内容列表

7.7　前后端结合增加登录功能

7.7.1　前后端通信方法

网站用户在浏览网站时经常会有以下操作，例如输入网址访问、单击按钮跳转页面、输入内容、选择选项、提交、确认等。实际上这些内容往往涉及前后端的交互，例如提交给后端的用户名和密码，后端是如何收到的？单击按钮选择一些选项，后端是如何知道用户选择的是什么？这些都涉及前后端的通信。

前后端通信的方法有多种，本书用得最多的是 HTTP 协议中最基本的 POST 和 GET 方法，当然 HTTP 协议中除了 POST 和 GET 方法，还定义其他的方法，这里不再赘述，读者可以访问这篇文章浏览学习，https://www.cnblogs.com/williamjie/p/9099940.html。Get 是最常用的方法，通常用于请求服务器发送某个资源，POST 方法用于向服务器提交数据，例如完成表单数据的提交，将数据提交给服务器处理。

7.7.2　修改前端代码

如图 7-47 所示，图中方框为表单（form）部分代码。方框中的 label 为文本标签，input 为输入标签，for 标签用于确定 label 和哪个 input 绑定，class 用于绑定定义的 CSS 样式的名称，placeholder 代表输入框中空白文字内容，type 属性规定了 input 元素的类型。input 配合 label 使用可以使单击 label 按钮的内容聚焦到 input 上。Input 中 id 代表这个 input 输入框的名字是一个唯一标识符，此外 input 还有 name 属性，加上 name 属性可以用于表单提交，与后端交互。

因此方框中第一行为表单代码块，下面的两行 label 用于聚焦 input，两个 input 框用于输入邮箱和密码，倒数第二行的 button 代表提交按钮。在具体使用过程中，根据不同的需求，实际上如何设计提交的表单也有很多方法。为了便于读者理解，这里使用最基础的用法，下面开始对代码进行改造，改造后的代码如下：

```
//第 7 章/7.7.2/修改表单代码
<form class="form-signin" method="post">
<h2 class="form-signin-heading">Please sign in</h2>
<label for="username" class="sr-only">Email address</label>
<input type="text" id="username" name="username" class="form-control" placeholder="Username" required autofocus>
<label for="inputPassword" class="sr-only">Password</label>
<input type="password" id="inputPassword" name="password" class="form-control" placeholder="Password" required>
<div class="checkbox">
<label>
<input type="checkbox" value="remember-me"> Remember me
</label>
</div>
<label>{{ message }}</label>
<button class="btn btn-lg btn-primary btn-block" type="submit">Sign in</button>
</form>
```

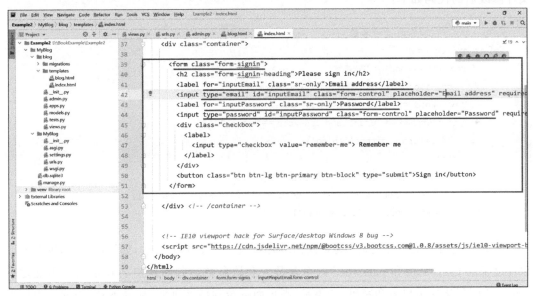

图 7-47　form 表单解析

如图 7-48 所示,对原表单共做出 4 处修改。一增加 POST 方法,用来通过 HTTP 协议向后端传递参数,二将原来的邮箱输入框改为用户名输入框,将 id、name、placeholder 等处修改,三将密码输入框增加 name 属性,四在最后增加一个 message 标签,用来把后端的出错信息传递给前端页面,因为可能会出现用户名或密码错误的情况,给出提示信息更加人性化。

```
39        <form class="form-signin" method="post">
40          <h2 class="form-signin-heading">Please sign in</h2>
41          <label for="username" class="sr-only">Email address</label>
42          <input type="text" id="username" name="username" class="form-control" placeholder="Username"
43          <label for="inputPassword" class="sr-only">Password</label>
44          <input type="password" id="inputPassword" name="password" class="form-control" placeholder="P
45          <div class="checkbox">
46            <label>
47              <input type="checkbox" value="remember-me"> Remember me
48            </label>
49          </div>
50          <label>{{ message }}</label>
51          <button class="btn btn-lg btn-primary btn-block" type="submit">Sign in</button>
52        </form>
53
```

图 7-48 form 修改后表单解析

7.7.3 修改后端代码

后端主要需要修改两处，第一处是 views.py 文件，第二处是 settings.py 文件。views.py 文件修改后的代码如下：

```python
//第 7 章/7.7.3/修改登录函数
def index(request):
    if request.method == 'POST':
        username = request.POST.get('username')
        password = request.POST.get('password')
        if username == 'user1' and password == 'user123456':
            return redirect('/blog')
        else:
            message = "用户名或密码错误"
            return render(request, 'index.html', {'message':message})
    return render(request, 'index.html')
```

修改后代码的主要含义是：先判断前端是否使用了 POST 方法，如果使用了，则尝试获取传过来的 username 和 password 两个参数。获取参数后判断用户名和密码是不是之前 7.6.3 节所创建的用户名和密码，如果是，则页面跳转到博客页面，如果不是，则继续返回登录页面，但是给出提示信息（用户名或密码错误）。如果前端没有使用 POST 方法，则一般会使用 GET 方法，主要目的是获取登录页面，直接返回登录页面即可。修改后的界面如图 7-49 所示。

修改完 views.py 文件之后，对 settings.py 文件进行修改。打开 settings.py 文件，如图 7-50 所示，将 MIDDLEWARE 中的 CSRF 注释掉。因为为了说明原理，演示的方法没有使用 Django 默认的安全验证方法，所以不注释掉此行代码会报错。

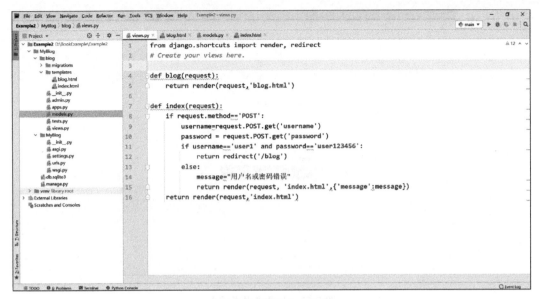

图 7-49　修改登录函数

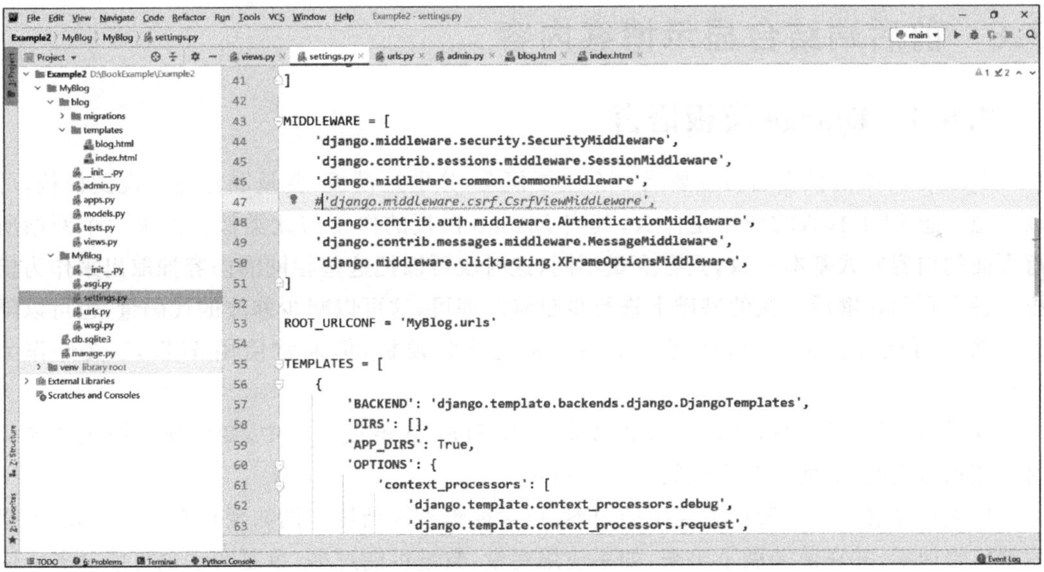

图 7-50　修改设置文件

7.7.4　测试登录功能

修改完成后重新运行网站,再次访问 127.0.0.1：8000 时会弹出登录界面,如果用户名和密码正确,则会跳转到博客页,如果输入内容不正确,则会出现如图 7-51 所示的提示信息。

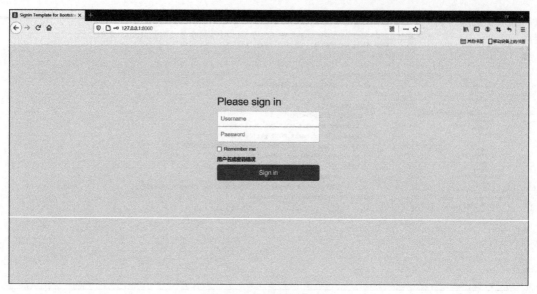

图 7-51 登录错误提示页

7.8 前后端结合显示博客内容

7.8.1 Django 模板语言

Django 自带的模板语言主要有 3 个主要概念，分别是模板、变量和标签。说到模板，可以先想一想 PPT 模板的作用是什么，其实 Django 模板的作用与此类似。如果一个网站所有页面的内容样式基本一致，只有少量不同，这时就可以把这些相同的内容抽取出来作为模板。各个页面在继承模板的基础上进行少量修改即可，这可以减少修改的代码量，也可以降低出错的可能性。实际上，任何文本格式都能作为模板，但通常使用 HTML 文件作为模板。

变量通常用来展示后端传给前端的数据，在 Django 模板语言中，变量通常被包含在一对双花括号之间，如前一节用到的{{ message }}。

标签用来展示比变量更为复杂的内容，包含逻辑控制结构。例如现在有一个列表，需要后端传给前端，并在前端展示出来，如果使用变量，数量可能过多，重复劳动也可能过多。使用标签的循环结构可以轻松解决这个问题。如下面代码所示，循环内容及其语法被包含在一个{% %}结构的 for 循环中，中间展示循环中每个变量的名称，最后有个结束循环的标志，十分方便。当然标签和变量还可以传递其他不同的数据类型，具体内容可以参考这个网址阅读 https://docs.djangoproject.com/zh-hans/2.0/ref/templates/language/。

```
{% for name in namelist %}
<li>{{ name }}</li>
{% endfor %}
```

7.8.2 修改博客视图函数

前面7.6.3节新建了3篇文章,下面在博客页视图中修改代码,将article模型下的所有文章传递给前端。打开views.py文件,对blog函数进行修改,修改后的代码如下:

```python
from .models import article
def blog(request):
    articlelist = article.objects.all()
    return render(request,'blog.html',{'articlelist':articlelist})
```

这段代码的意思是先导入模型article,声明一个变量articlelist,用来存储模型中查找的所有内容,然后将变量返回给前端。修改后的界面如图7-52所示。

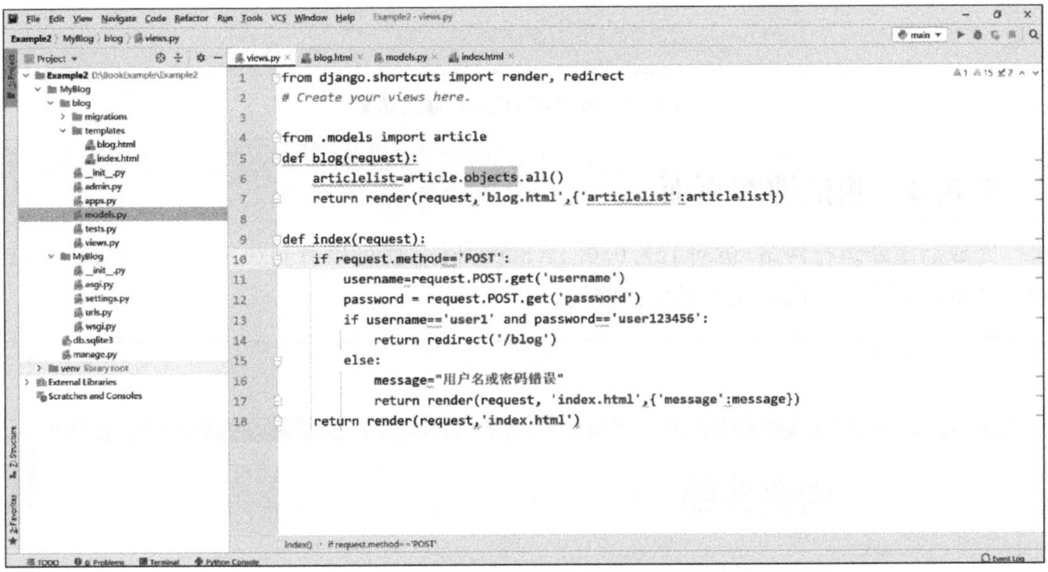

图7-52 博客页函数修改结果

7.8.3 修改博客页 HTML 代码

当然相应的博客页前端代码也需要修改,修改的代码如下:

```
//第7章/7.8.3/修改博客页
{% for a in articlelist %}
<div class="blog-post">
<h2 class="blog-post-title">{{ a.title }}</h2>
<p class="blog-post-meta">{{ a.content }}</p>
</div>
{% endfor %}
```

界面如图7-53所示。

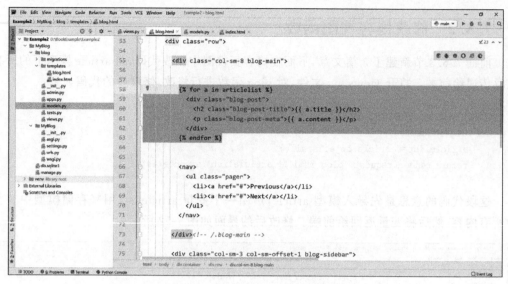

图 7-53 博客页 HTML 修改结果

7.8.4 测试博客页面

完成后重新运行网站，访问 127.0.0.1：8000/blog 就可以看到如图 7-54 所示结果，后台的文章标题和内容已经完全展现在前端。

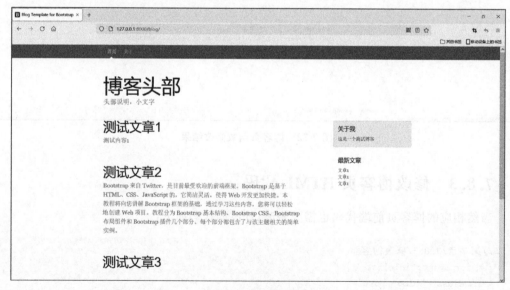

图 7-54 博客页效果

7.9 实现分页功能

如果读者能正常完成上述步骤，则文章列表应该已经能正常展现，可以在管理后台继续添加几篇文章查看效果，应该都可以正常展现，但是细心的读者会发现一个问题：博客页所有的文章全部显示出来了,显得页面很杂乱,同时页面最下方的前进及后退按钮没有任何作用,因此这一节来完成分页功能,即将多篇文章分为多个页面,每个页面只显示指定数量的文章。

7.9.1 修改博客视图函数

打开 views.py 文件,对博客视图函数进行修改,代码如下:

```
//第 7 章/7.9.1/修改视图函数
from django.core.paginator import Paginator, PageNotAnInteger, EmptyPage
from .models import article
def blog(request):
    articlelist = article.objects.all().order_by('-id')
    paginator = Paginator(articlelist, 2)         #每页展示两条数据
    page = request.GET.get('page')
    try:
        contacts = paginator.page(page)
    except PageNotAnInteger:
        #分页值不是整数,返回 1
        contacts = paginator.page(1)
    except EmptyPage:
        #防止页数超过默认最大值
        contacts = paginator.page(paginator.num_pages)
    return render(request,'blog.html',{'contacts': contacts})
```

这段代码的含义是:取出所有文章列表并按 ID 倒序排列,然后赋值给 articlelist。设置每两页为一个分页,之后从前端获取传过来的页面参数(页数),然后返回该分页的内容。为了防止出现异常,这里使用 try…except…结构进行容错,主要针对数据范围不符的异常情况,编写后的界面如图 7-55 所示。

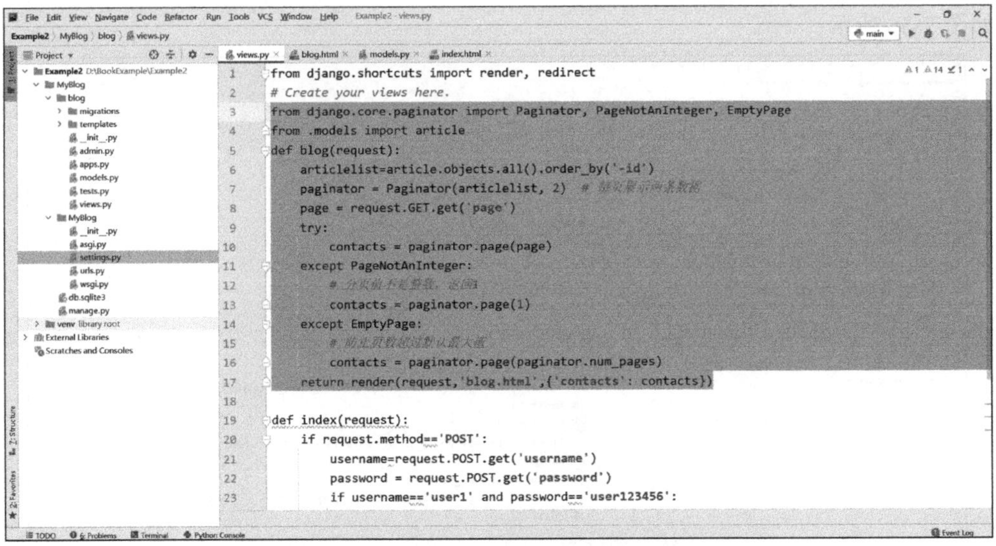

图 7-55 博客页视图函数修改后界面

7.9.2　修改博客页 HTML

打开 blog.html 文件,将原来的文章列表(articlelist)显示及翻页(pagination)部分代码删掉,然后替换为如下代码:

```
//第 7 章/7.9.2/修改博客页 HTML
{% for contact in contacts %}
    {{ contact.title }}
<br>
    {{ contact.content }}
<br>
<br>
<br>
{% endfor %}

<div class="pagination">
<span class="step-links">
        {% if contacts.has_previous %}
<a href="?page={{ contacts.previous_page_number }}">previous</a>
        {% endif %}
<span class="current">
        {{ contacts.number }} / {{ contacts.paginator.num_pages }}
</span>
        {% if contacts.has_next %}
<a href="?page={{ contacts.next_page_number }}">next</a>
        {% endif %}
</span>
</div>
```

这段代码分为两段,第一段代码用来替换原来的文章列表,显示分页后相应页面的文章列表。第二段代码用来控制分页部分显示什么内容,以及单击页面后如何跳转。完成后界面如图 7-56 所示。

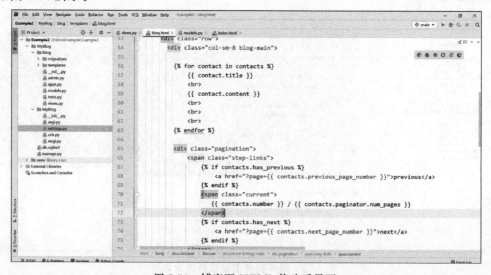

图 7-56　博客页 HTML 修改后界面

7.9.3　重新运行

如果网站没有运行,则可重新运行并访问 127.0.0.1:8000/blog,否则刷新界面即可。正常情况下,访问时会出现如图 7-57 所示页面,页面的首页是文章 3 和文章 2,文章倒序排序,页面底部有当前页码及向后翻页按钮。

图 7-57　博客页修改后界面

单击 next 按钮会跳到最后一页,出现文章 1 和向前翻页按钮,如图 7-58 所示。当然,如果读者后台的文章数量够多,则在中间某个页面向前和向后翻页的按钮都会显示出来。

图 7-58　博客页向前翻页按钮

博客页面的调整暂时告一段落,右侧侧边栏最新文章还没有修改,但这里其实和文章内容列表本质上没有区别。读者参照博客页面的修改,按照视图函数——HTML 的顺序依次修改即可,下方给出参考代码,最终效果如图 7-59 所示,希望读者能自己多动手实践,代码如下:

```
//第7章/7.9.3/修改侧栏
def blog(request):
    articlelist = article.objects.all().order_by('-id')
    paginator = Paginator(articlelist, 2)  # 每页展示两条数据
    page = request.GET.get('page')
    try:
        contacts = paginator.page(page)
    except PageNotAnInteger:
        # 分页值不是整数,返回1
        contacts = paginator.page(1)
    except EmptyPage:
        # 防止页数超过默认最大值
        contacts = paginator.page(paginator.num_pages)
    newfive = articlelist[:5]
    return render(request, 'blog.html', {'contacts': contacts, 'newfive': newfive})
```

```html
<div class="col-sm-3 col-sm-offset-1 blog-sidebar">
    <div class="sidebar-module sidebar-module-inset">
        <h4>关于我</h4>
        <p>这是一个测试博客</p>
    </div>
    <div class="sidebar-module">
        <h4>最新文章</h4>
        <ol class="list-unstyled">
            {% for n in newfive %}
            <li><a href="#">{{ n.title }}</a></li>
            {% endfor %}
        </ol>
    </div>
</div><!-- /.blog-sidebar -->
```

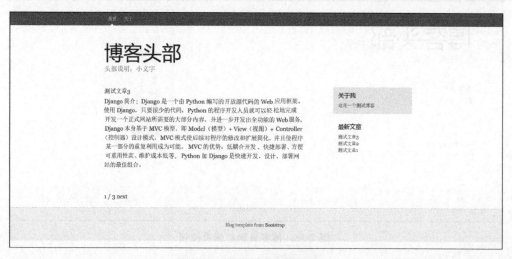

图 7-59 侧边栏最终修改效果

7.10 添加按钮和超链接

至此,文章内容和侧边栏都已修改完毕,但是实际上顶部的"首页"和"关于"单击还是没有任何反应,下面修改博客页前端 HTML 代码,使每次单击"首页"按钮时页面都能返回第一页。

打开博客页 HTML,将图 7-60 中方框所示位置的代码进行简单修改即可,修改完毕后读者刷新页面即可检验效果。

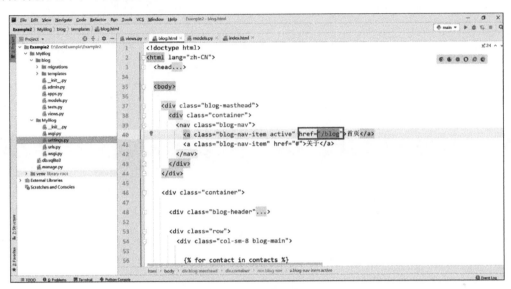

图 7-60　首页链接修改

7.11 优化

至此,一个最简单的静态博客网站已经完成,项目很简单,功能也不多,但是对初学者来讲,很值得去仔细研究并多加练习,因为它涵盖 Django 的基本使用过程。如果对博客网站很感兴趣或者想在此基础上增加一些新的功能,例如评论、点赞、页面美化、富文本编辑等,则可以参考以下两个链接进行学习:https://www.dusaiphoto.com/和 https://www.zmrenwu.com/。

第四篇　融会贯通

第四篇 婚姻贸易

第 8 章 开发评测网站

8.1 系统功能设计

第 7 章借助 Django 和 Bootstrap 完成了一个简单的博客网站的开发,本章将继续使用这两种技术完成一个评测网站的开发。此次的项目是上一个项目的延伸,难度稍有提升。如图 8-1 所示,以问卷星为例,问卷星中的问卷调查形式主要以选择和填空为主,可以用于调查、投票、评测、收集信息、考试等方面。

图 8-1 问卷星问卷调查示例界面

本次开发的评测网站与此类似,但是稍简单些,主要用于调查或者投票,如图 8-2 所示。在上述分析的基础上,将评测网站定义为以下几个功能:

(1) 添加问题和选项;
(2) 收集用户填写的数据;
(3) 自动计算填写结果并展示;
(4) 具备常用的登录及后台管理界面。

图 8-2 评测网站示例界面

8.2 系统环境配置

8.2.1 配置虚拟环境

本章先在 D 盘 BookExample 文件夹下新建一个项目文件夹,命名为 Example3,然后用 PyCharm 打开。创建好后,重新配置虚拟环境,这里仍然选择之前的 Python 3.7 版本,配置过程可参照第 6 章,配置完成后安装 Django。最后的目录结构及 Python 解释器情况如图 8-3 所示。

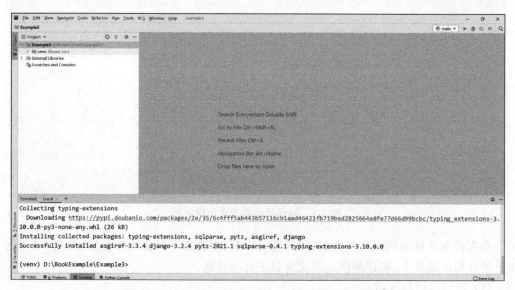

图 8-3 Example3 目录及 Python 解释器安装包情况

8.2.2 新建项目

在 PyCharm 左下角单击 Terminal 按钮,在当前虚拟环境(venv 开头)后面输入 django-admin startproject Evaluate 命令,以便创建新的 Django 项目,输入后按 Enter 键,程序会自动创建 Django 项目。完成后在项目最左侧的文件夹结构内会出现一个 Evaluate 文件夹,后续大部分操作会在 Evaluate 文件夹内进行,因此需要将路径切换到该文件夹下。在当前虚拟环境下(Terminal)再次输入命令 cd Evaluate,然后按 Enter 键执行。最后项目的目录结构如图 8-4 所示。

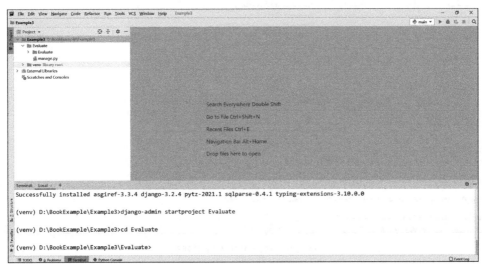

图 8-4　新项目目录结构

8.2.3　新建应用

第 6 章讲过一个项目可能会被划分为多个功能模块,每个模块在 Django 中被称为应用,下面为此项目添加一个 survey 应用,负责实现数据的展示。

(1) 在当前虚拟环境下(Terminal)再次输入命令 python manage.py startapp survey,然后按 Enter 键执行。执行后可以看到 Evaluate 文件夹下已经多出来一个 survey 文件夹。最后整个项目的目录结构如图 8-5 所示。

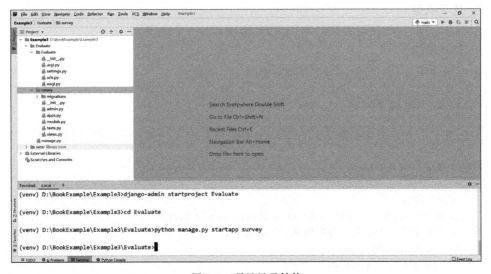

图 8-5　项目目录结构

（2）创建完成后，需要将新创建的应用加入 Django 的应用列表，打开 Evaluate 文件夹下的 settings.py 文件，将 survey 加入 INSTALLED_APPS 内，如图 8-6 所示。

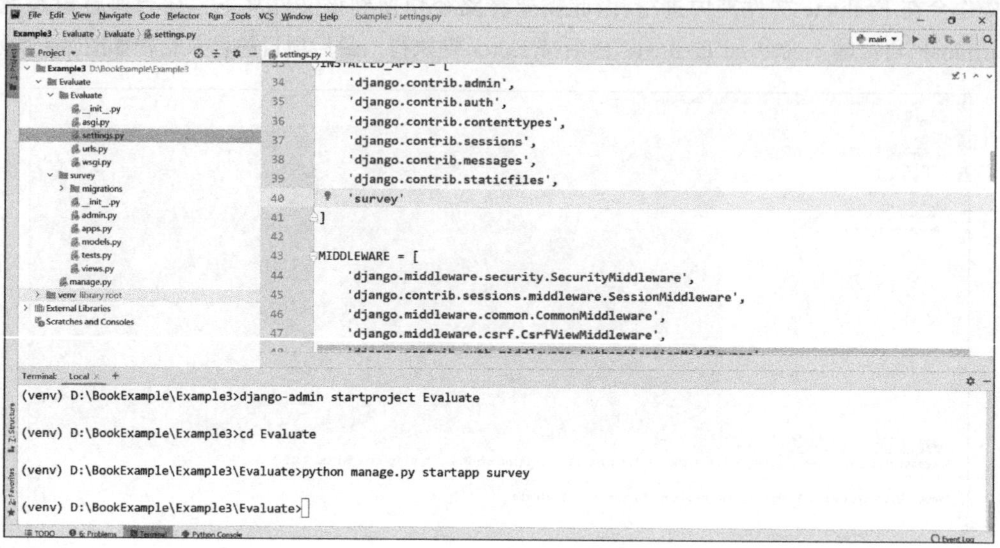

图 8-6　将应用加入应用列表

8.3　数据库表设计

8.3.1　数据表分析

参考第 7 章，数据库模型主要是设计 Django 项目的 models.py 文件，针对图 8-2 及上述功能主要需要设计以下几个模型：

1. 问题模型

主要包含题号（自动，可略）和题目内容两个字段。

2. 选项模型

主要包含题号（与问题关联）、选项内容、选项得分 3 个字段。

3. 用户模型

主要包含用户 id（自动，可略）、户名、密码 3 个字段。

8.3.2　新建模型

分析完之后开始新建模型，打开 survey 文件夹下的 models.py 文件，创建的代码如下：

```
//第 8 章/8.3.2/models.py
class Question(models.Model):
    # 问题内容
    question_content = models.CharField(max_length=200)
    # 后台返回问题内容，避免以默认对象形式显示
    def __str__(self):
        return self.question_content
```

```
class Choice(models.Model):
    #建立外键,绑定问题
    question = models.ForeignKey(Question, on_delete = models.CASCADE)
    #选项内容及对该选项的选择次数
    choice_content = models.CharField(max_length = 200)
    numbers = models.IntegerField(default = 0)
    def __str__(self):
        return self.choice_content
```

这段代码的含义是：先创建问题模型，里面只有问题内容一个字段（问题编号会自动生成），def __str__(self)：……这段代码的作用是在后台查看问题表时显示问题的具体内容，否则会显示默认的 object。选项模型逻辑相同，里面有选项及对某个选项的选择次数两个字段，同时"question = models.ForeignKey(Question, on_delete = models.CASCADE)"这段代码将选项与问题绑定，建立两者之间的关联关系。

本次不再创建用户模型，尝试使用 Django 自带的用户模型。Django 自带的用户模型同样有用户名、密码等字段，此外还能设置是否为网站管理员及进行登录认证，十分方便。

模型建好后，如果想在后台看到模型内容，则必须将模型加入后台。打开 survey 目录下的 admin.py 文件，输入的代码如下：

```
from .models import Choice, Question
admin.site.register(Question)
admin.site.register(Choice)
```

8.3.3 迁移模型

模型建立完毕后，要想让模型生效还必须迁移模型，让 Django 在数据库中建立相应数据库表。在当前虚拟环境下（Terminal）依次输入命令 python manage.py makemigrations 和 python manage.py migrate，然后按 Enter 键执行。执行后的界面如图 8-7 所示。

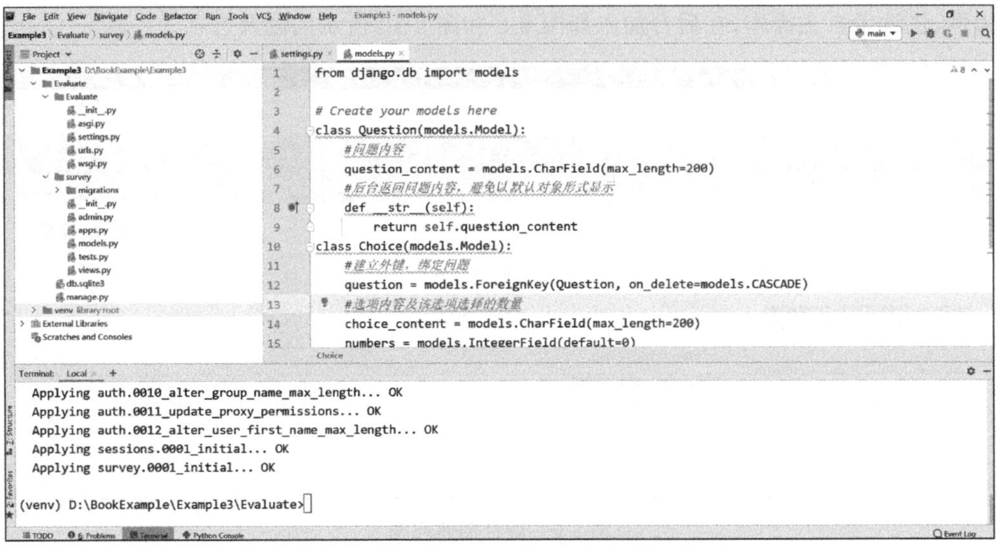

图 8-7 模型迁移完成示意图

8.3.4 创建超级管理员

模型迁移完毕后，便可创建超级管理员账户并管理后台。在当前虚拟环境下(Terminal)输入命令 python manage.py createsuperuser，之后按照提示输入用户名和密码。本次示例创建的用户名为 admin，密码为 adminadmin，执行后的界面如图 8-8 所示。

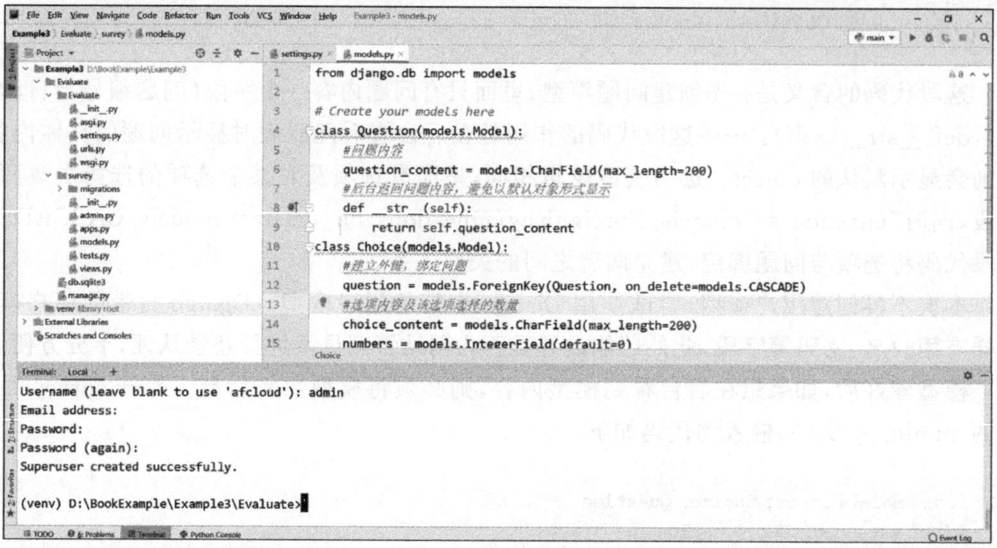

图 8-8 创建超级管理员

8.3.5 创建问题及选项

建立完账号后在当前虚拟环境下(Terminal)输入 python manage.py runserver 命令便可开启服务器，在浏览器网址栏输入 127.0.0.1：8000/admin 便可访问后台。在后台会看到刚刚建立的 Choice 和 Question 两个模型。为后续操作，下面以一个简单的睡眠调查问卷为例，供读者自主操作，在后台加入如图 8-9 和图 8-10 所示问题及选项。

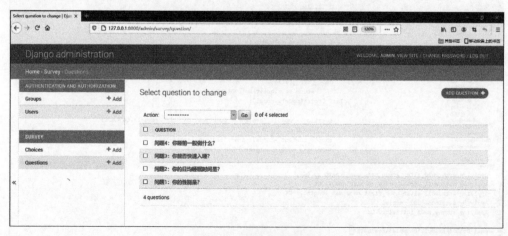

图 8-9 后台创建问题

图 8-10　后台创建选项

如图 8-11 所示,在创建选项的过程中,系统会提示选择与选项关联的问题,这就是前面创建模型时外键的作用。

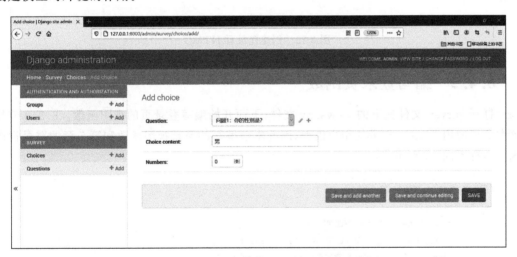

图 8-11　后台创建选项时与问题绑定

8.4　登录功能实现

登录功能需要前端与后端相互配合才能实现,前端继续使用第 7 章的登录模板,读者可以自行查找第 7 章的例子对照。

8.4.1　创建登录页 HTML

在 survey 文件夹下创建一个新的空白文件夹(Directry)并命名为 templates,然后在

templates 文件夹下新建一个 HTML 文档,命名为 login.html。做好后将第 7 章的登录页模板复制进去,如果读者没有学习第 7 章的项目,可以参考第 7 章的内容重新操作一遍。完成后在 form 代码块下加上代码{% csrf_token %},如图 8-12 所示。这是因为本章将使用 Django 自带的用户模型,登录时为了防止伪造跨站请求需要加上这一句进行随机字符验证,具体原理读者可以自行学习,本书不再赘述。

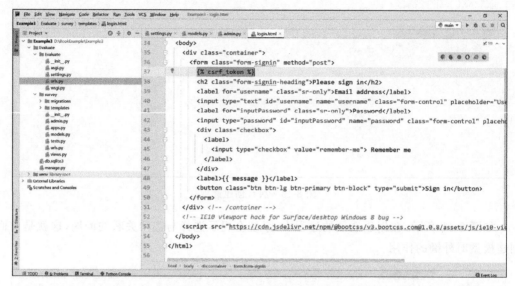

图 8-12 创建登录页 HTML

8.4.2 编写登录页函数

打开 survey 文件夹下的 views.py 文件,下面开始编写登录页的视图函数。8.3.2 节提到本章将使用 Django 自带的用户模型,因此本节编写的登录视图函数和第 7 章的登录视图函数稍有不同,代码如下:

```
//第 8 章/8.4.2/views.py
def login(request):
    if request.method == 'POST':
        username = request.POST.get('username')
        password = request.POST.get('password')
        user = auth.authenticate(username=username, password=password)
        if user:
            auth.login(request, user)
            message = '登录成功'
            return render(request,'login.html',{'message':message})
        else:
            message = '用户名或密码错误'
            return render(request, 'login.html', {'message': message})
    else:
        return render(request,'login.html')
```

这段代码的意思是先判断服务器收到的请求是否是发送请求，如果不是，则返回客户端登录界面。如果检测到客户端请求发送数据，则在请求中提取用户名和密码。提取后利用 Django 自带的认证方法进行认证，账号和密码匹配即认证成功，返回成功信息，否则返回错误信息。需要注意的是，由于还没有编写调查页 HTML，所以登录成功后返回的是原页面＋成功提示信息，后期会进行修改。

8.4.3　编写登录页路由

本节的操作相较于第 7 章将会更加规范，因此路由的写法也稍有不同。当一个 Web 网站内页面或者视图函数不多时采用第 7 章的路由写法没有太大的问题，但是当一个 Web 网站内页面视图较多时，全部在主目录配置路由就会显得十分臃肿，并且每条路由的添加及修改都要考虑是否会有冲突，十分不便，因此，本章采用子路由的写法来配置应用路由。子路由正如其名，即给每个应用单独配置自己的路由，极大地避免了不同应用之间的相互影响。

本节采用子路由的方式，在 survey 文件夹下新建一个 urls.py 文件，用来存储 survey 应用的路由。

路由内代码如下，这段代码和主目录的路由没有太大区别，唯一的区别是添加 app_name = 'survey' 这一行代码，其作用是表明当前路由的名称是 survey，避免前端解析时出现错误。其他的内容与第 7 章基本一致，需要在里面添加登录函数的路由。

```
//第 8 章/8.4.3/urls.py
from django.urls import path
from . import views
app_name = 'survey'
urlpatterns = [
    path('', views.login, name = 'login'),
]
```

由于 URL 匹配是从项目主目录开始查找的，因此子路由添加完成后，还必须在根目录内予以标志和说明。打开 Evaluate 文件夹下的 urls.py 文件。在其中输入的代码如下：

```
//第 8 章/8.4.3/根路由
from django.contrib import admin
from django.urls import path, include

urlpatterns = [
    path('admin/', admin.site.urls),
    path('survey/', include('survey.urls')),
]
```

与原代码相比，只改动两处，第一处是在导入处增加 include 模块，用于包含子路由。第二处是增加一条 survey 的路由，含义是当 URL 匹配到 survey 这个单词时，其内的具体路由到 survey 这个子路由内查找。

8.4.4 测试登录功能

上述步骤完成后,在命令栏输入 python manage.py runserver 命令,然后在浏览器访问 127.0.0.1:8000/survey,即可访问登录界面。这里值得注意的是,访问的是 127.0.0.1:8000/survey 而不是 127.0.0.1:8000,因为增加了 survey 子路由,因此访问的地址也相应地发生了改变。打开浏览器访问,输入账号和密码(admin 和 adminadmin)会出现如图 8-13 所示的界面。如图 8-13 所示,登录后还停留在登录页,但是下方已经给出登录成功的提示信息,结合所编写的登录视图函数可知测试正常。

图 8-13 测试登录页

8.5 调查功能实现

8.5.1 创建调查页 HTML

在 survey 文件夹下的 templates 文件夹中新建有一个 HTML 文档,命名为 index.html,然后将以下代码放入其中,代码如下:

```
//第8章/8.5.1/调查页 HTML
<!DOCTYPE html>
<html lang = "en">
<head>
<meta charset = "UTF-8">
<title>Title</title>
<!-- 最新版本的 Bootstrap 核心 CSS 文件 -->
<link rel = "stylesheet" href = "https://stackpath.bootstrapcdn.com/bootstrap/3.4.1/css/bootstrap.min.css" integrity = "sha384 - HSMxcRTRxnN + BdgOJdbxYKrThecOKuH5zCYotlSAcp1 + c8xmyTe9GYg1l9a69psu" crossorigin = "anonymous">
<!-- 最新的 Bootstrap 核心 JavaScript 文件 -->
<script src = "https://stackpath.bootstrapcdn.com/bootstrap/3.4.1/js/bootstrap.min.js" integrity = "sha384 - aJ210jlMXNL5UyI1/XNwTMqvzeRMZH2w8c5cRVpzpU8Y5bApTppSuUkhZXN0VxHd" crossorigin = "anonymous"></script>
```

```
</head>
<body>
<form>
    {% csrf_token %}
<div class = "container">
    {% if question_list %}
<ul>
            {% for question in question_list %}
<div class = "row">
<center>
<h3 class = "text-primary">{{ question.question_content }}</h3>
                        {% for choice in question.choice_set.all %}
<h4>
<label class = "radio-inline">
<input type = "radio" value = "{{ choice.id }}" name = "{{ question.id }}">{{ choice.choice_content }}
</label>
</h4>
                        {% endfor %}
</center>
</div>
            {% endfor %}
</ul>
    {% else %}
<p>No questions.</p>
    {% endif %}
</div>
<center>
<button type = "submit" class = "btn btn-info"><b>提交</b></button>
</center>
</form>

</body>
</html>
```

这段前端代码其实很值得仔细阅读,<head></head>头部引入 Bootstrap 的 CDN,便于使用 Bootstrap 的相关 CSS 样式及文档布局方式。在<body></body>内容结构中利用一个<form></form>表单将所有的调查内容放入其中。表单第一行加入 CSRF 验证,后面将调查内容放在一个容器(container)内。具体内容使用 if…else…end if 的格式来处理后端传过来的数据,如果有数据,则执行 if 内的操作(展示数据),否则给出提示信息 NO questions。if 结构内用两重 for 循环,第 1 个 for 循环可以简略成以下形式:

```
//第 8 章/8.5.1/第一重循环改写
{% for question in question_list %}
<div class = "row">
<center>
```

```
<h3>{{ question.question_content }}</h3>
</center>
</div>
{% endfor %}
```

这段代码的含义是对于接收的 question_list 列表依次循环访问其中的信息,然后输出里面的具体内容 question_content。这两个参数在 8.5.2 节和 8.5.3 节编写视图函数时会提供,question_list 指问题列表,question_content 是每个问题的具体属性,是在创建时定义的字段。

第 2 个 for 循环可以简略抽象成以下形式:

```
//第 8 章/8.5.1/第二重循环改写
{% for choice in question.choice_set.all %}
<h4>
<label class="radio-inline">
<input type="radio" value="{{ choice.id }}" name="{{ question.id }}">{{ choice.choice_content }}
</label>
</h4>
{% endfor %}
```

这段代码第一行的 question.choice_set.all 的作用是查询和某个问题相关的所有选项,因此整个循环的作用是对于问题选项中的每个选项,依次输出一个按钮及选项的具体内容。choice_content 是选项模型的字段,choice.id 是选项模型自动新建的字段,代表序号。同一个问题,所有按钮的名称(name)相同,但值(value)不同,因为最终前端要把用户单击的按钮的值传递给后端,帮助后端计算。

完成后的目录及界面如图 8-14 所示。

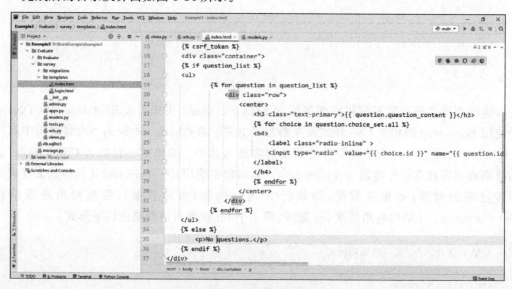

图 8-14 调查页 HTML

8.5.2 编写调查页视图函数

打开 survey 文件夹下的 view.py 文件,然后将以下代码放入其中:

```
def index(request):
    question_list = Question.objects.all()
    context = {'question_list': question_list}
    return render(request, 'index.html', context)
```

这段代码的意思是声明一个 question_list 变量,查询问题模型内的所有数据并将其赋值给 question_list,最后带着 question_list 参数返还给 index.html 页面。由于返回时必需的格式为集合,集合内存储字典,因此声明一个集合类型变量 context,并最后将其传送到前端界面。

8.5.3 编写调查页路由

打开 survey 文件夹下的 urls.py 文件,在其中加入一行路由代码,代码如下:

```
path('index/', views.index, name = 'index'),
```

完成后界面如图 8-15 所示。

图 8-15　添加调查页路由

上述步骤完成后,在命令栏输入 python manage.py runserver 命令,然后在浏览器访问 127.0.0.1:8000/survey/index,即可访问调查页界面,如图 8-16 所示。

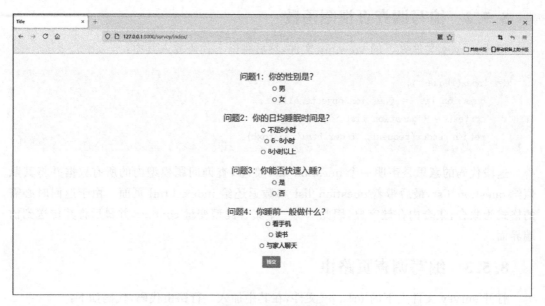

图 8-16 调查页界面

8.5.4 测试

为了使登录后能直接跳转到调查页页面，需要对原来的登录函数进行修改，如图 8-17 所示，在登录成功处将返回函数修改为 return redirect('index/') 即可。修改后读者可重新登录查看效果。

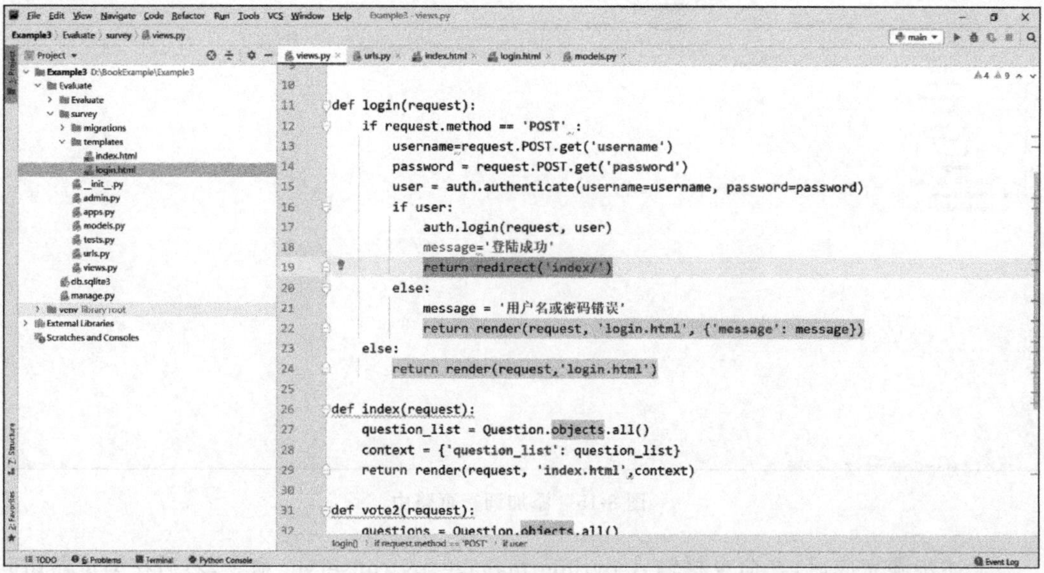

图 8-17 修改登录函数

8.6 数据处理

8.6.1 数据处理方法

目前已经完成从前端读取后台问题并在前端展现,但是用户在前端单击按钮的选项如何传递给后端呢? 实际上在 8.5.1 节创建 HTML 时提到过,通过前端代码的第二重 for 循环,实现对问题的每个选项创建一个按钮。同一个问题,所有按钮的名称(name)相同,即问题 id 相同,但值(value)不同,即选项 id 不同,用户选择完毕后通过 form 表单提交,表单会将按钮名称和按钮值反馈给后端,帮助后端计算。

按照以上思路,现在后端已经能够接收到数据,后续该怎么办呢? 一种简单的思路是定义一个新的函数来处理接收的数据,对用户选择的选项在选项数据表中进行+1 处理,因为选项模型在创建的时候定义了一个 numbers(数量)字段,它的作用正是用来统计选项的数量。对于 index 页面已经有一个默认的方法,即对于页面请求(GET 方法)的方法,返回的是问题列表。还可以定义一个新的函数来应对发送数据(POST 方法)请求做出反应。新建的数据处理函数的代码如下:

```python
//第 8 章/8.6.1/views.py
def vote(request):
    questions = Question.objects.all()
    for i in questions:
        if request.POST.get(str(i.id)):
            question = get_object_or_404(Question, pk=i.id)
            selected_choice = question.choice_set.get(pk=request.POST[str(i.id)])
            selected_choice.numbers += 1
            selected_choice.save()
```

这段代码的含义是声明一个函数 vote(),用来处理用户提交的行为,函数查询所有的问题内容,将其赋值给变量 question。接着对于 question 中的每个对象,查询前端返回的按钮参数是否包含该问题 id,有则继续查询选项 id 并将其赋值给一个选项模型,然后将该选项的数量+1 并保存,至此后台会同步完成数据的更改和保存。

数据处理函数编写完成后继续修改 index()函数,修改后的函数的代码如下:

```python
//第 8 章/8.6.1/修改 index
def index(request):
    if request.method == 'POST':
        vote(request=request)
        return HttpResponse('感谢,你已回答完毕!')
    else:
        question_list = Question.objects.all()
        context = {'question_list': question_list}
        return render(request, 'index.html', context)
```

如上述处理思路所述,当 index 函数接收到 POST 请求后,立即调用 vote()函数进行数据处理,处理完毕后返回一条提示信息"感谢,你已回答完毕!"来提示用户。最终所有函数编写完成的界面如图 8-18 所示。

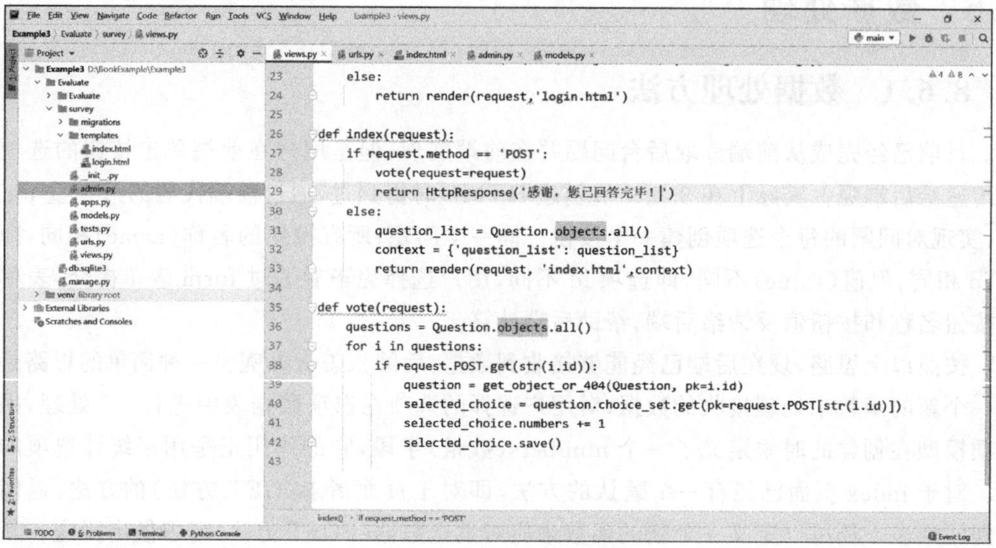

图 8-18 修改 index 函数

8.6.2 修改管理后台

参考图 8-10，由于默认的后台界面并不会同时显示选项的详细信息，因此需修改 survey 文件夹下的 admin.py 文件，使后台选项界面能同时选择内容和数量。修改后的代码如下：

```python
//第 8 章/8.6.2/admin.py
from .models import Choice, Question
admin.site.register(Question)
#admin.site.register(Choice)


class ChoiceAdmin(admin.ModelAdmin):
    list_display = ('choice_content', 'numbers')
admin.site.register(Choice,ChoiceAdmin)
```

相较于原代码，这段代码最大的作用是新添一个 list_display 字段，用于自定义并展示需要的字段。修改完成后保存，然后访问 127.0.0.1：8000/admin，单击 Choices 按钮即可出现如图 8-19 所示界面，选项内容和数量可以同时查看。

8.6.3 测试运行

下面来测试一下问卷填写功能是否正常，访问 127.0.0.1：8000/survey，进入登录界面，登录后会跳转到问卷填写页面，本次测试选择的选项如图 8-20 所示。

提交后的提示界面如图 8-21 所示。

第8章　开发评测网站　171

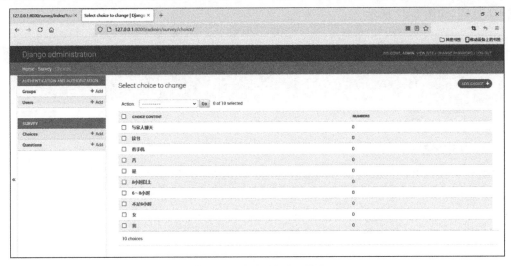

图 8-19　admin 修改后效果

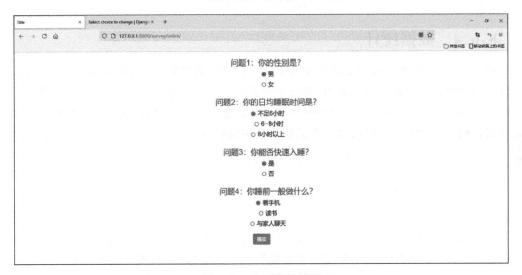

图 8-20　选项选择界面

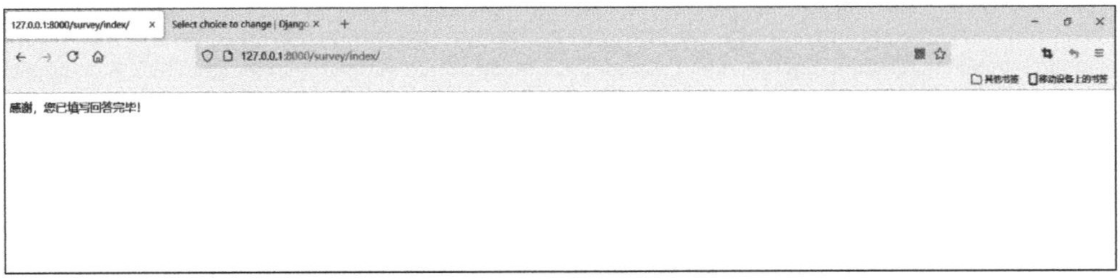

图 8-21　回答完毕反馈界面

再次切换到管理后台界面,刷新并查看选项内容,会发现刚刚所选取的选项数量已经完成＋1 处理,如图 8-22 所示。

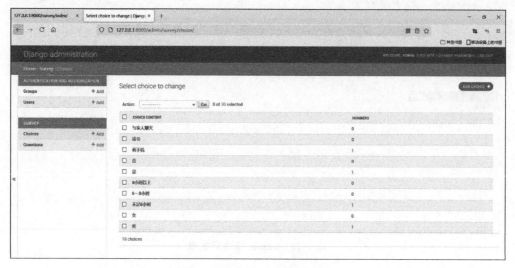

图 8-22 后台选项回答数量界面

8.6.4 数据统计

用法不同,后续统计处理方法也稍有不同。如果是常规的 5 分制问卷调查,读者可以继续编写一个函数来处理所有的选项,对每个选项给予不同的分数并赋值,然后进行统计。如果是简单的投票统计应用,则这个界面其实已经足够,后续需要的可能就是将数据进行可视化展现,使数据更加形象具体,第 9 章的例子会讲到这一点。

8.7 其他优化

目前这个评测网站已经基本完成,能够正常使用,但是还有很多地方可以优化。例如登录页、展示页更加优美些,换用数据库使数据处理速度更加快些,优化后台管理界面使界面更美观些等。这些后续章节都会接触到,感兴趣的读者继续阅读吧。

第五篇 炉火纯青

第 9 章 开发数据分析系统

9.1 系统功能设计

第 8 章借助 Django 和 Bootstrap 完成了一个评测网站的开发,相信经过这个项目读者对 Django 的使用会有进一步的了解。本次将在前两个项目的基础上,正式实现 Web 数据分析可视化,完成一个校园考试数据分析及可视化系统。完成后的系统部分界面如图 9-1～图 9-4 所示。

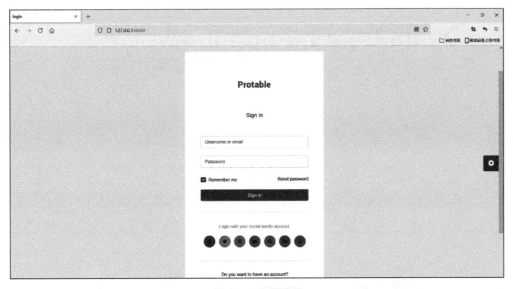

图 9-1 登录界面

参考图 9-2～图 9-4,本系统的主要目的是对学校的考试数据进行数据分析和可视化处理,因此要完成系统的设计必须对考试数据及学校的需求有一定的了解。考试试卷一般有考号、姓名、分数等信息,考试完成后还应分学校层面、班级层面、个人层面对考试数据进行分析。学校层面的分析维度主要有总平均分、各科平均分、各班平均分、班级排名、学科排名等,班级层面的分析与学校分析相比主要增加了班级的详细报表及学生详情,学生个人层面的分析主要是各科分数的历史记录及简要分析。

图 9-2 首页部分截图(1)

图 9-3 彩图

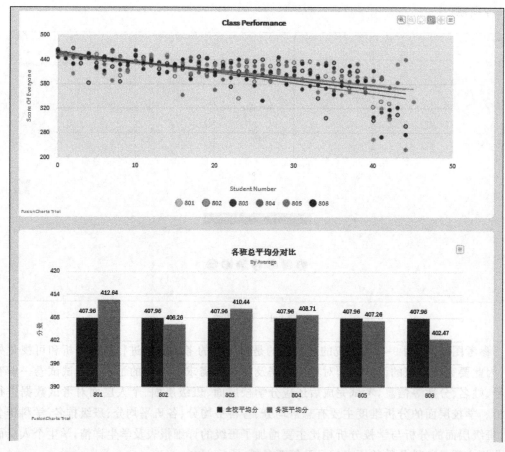

图 9-3 首页部分截图(2)

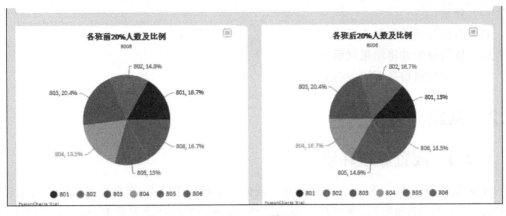

图 9-3 （续）

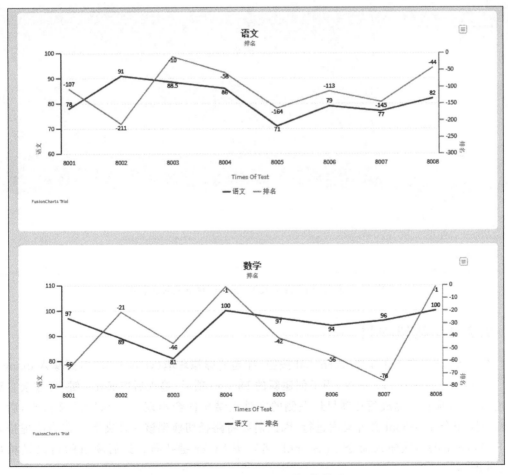

图 9-4 彩图

图 9-4 个人历史记录页部分截图

在上述分析的基础上,将网站定义为以下几个功能:
(1) 登录;
(2) 后台考试数据导入导出;
(3) 数据分析并将结果展示;
(4) 单击按钮切换不同分析界面。

9.2 系统环境配置

9.2.1 配置虚拟环境

本章先在 D 盘 BookExample 文件夹下新建一个项目文件夹,命名为 Example4,然后用 PyCharm 打开。创建好后,重新配置虚拟环境,这里仍然选择之前的 Python 3.7 版本,配置过程可参照第 6 章,配置完成后安装 Django。最后的目录结构及 Python 解释器的情况如图 9-5 所示。

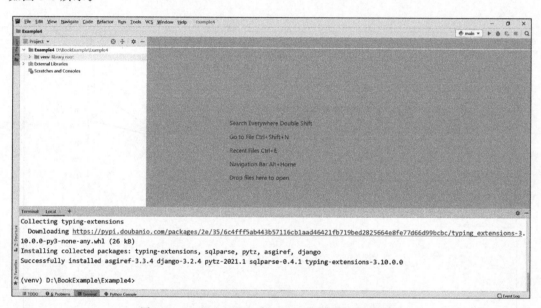

图 9-5　Example4 目录及 Python 解释器安装包情况

9.2.2 新建项目

在 PyCharm 左下角单击 Terminal 按钮,在当前虚拟环境(venv 开头)后面输入 django-admin startproject School 命令,用于创建新的 Django 项目,输入后按 Enter 键,程序会自动创建 Django 项目。完成后在项目最左侧的文件夹结构内会出现一个 School 文件夹,后续大部分操作会在 School 文件夹内进行,因此需要将路径切换到该文件夹下。在当前虚拟环境下(Terminal)再次输入命令 cd School,然后按 Enter 键执行。最后项目的目录结构如图 9-6 所示。

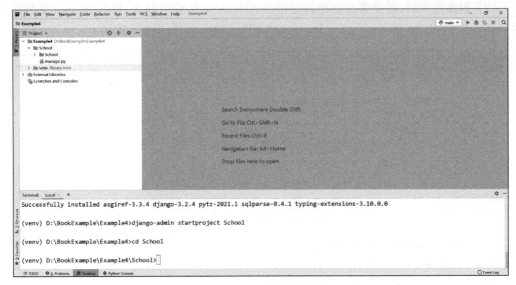

图 9-6　新项目目录结构

9.2.3　新建应用

第 6 章讲过一个项目可能会被划分为多个功能模块，每个模块在 Django 中被称为应用，下面为此项目添加一个 show 应用，负责实现分析数据的展示功能，例如展示平均分和总分等。

（1）在当前虚拟环境下（Terminal）再次输入命令 python manage.py startapp show，然后按 Enter 键执行。执行后可以看到 School 文件夹下已经多出来一个 show 文件夹。最后整个项目的目录结构如图 9-7 所示。

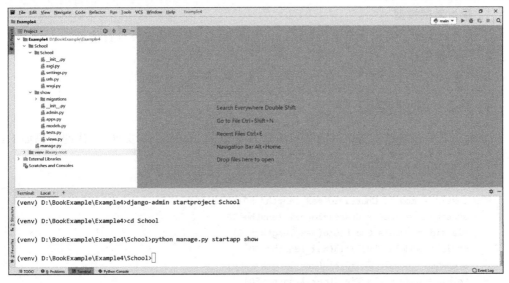

图 9-7　项目目录结构

(2) 创建完成后,需要将新创建的应用加入 Django 的应用列表,打开 School 文件夹下的 settings.py 文件,将 show 加入 INSTALLED_APPS 内,如图 9-8 所示。

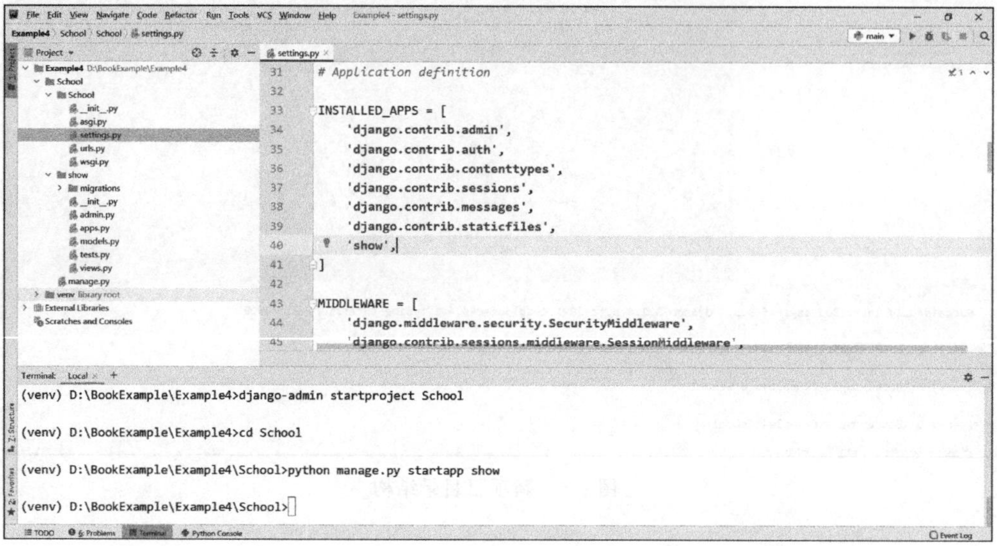

图 9-8 应用加入应用列表

9.3 数据库表设计

9.3.1 数据表分析

参考第 7 章,数据库模型主要是设计 Django 项目的 models.py 文件,针对系统功能主要需要设计以下几个模型。

1. 学生考试模型

学生考试模型主要包含学生的姓名、id、年级、班级、考试场次及科目信息。

2. 用户模型

用户模型主要包含用户 id(自动,可略)、用户名、密码 3 个字段。

9.3.2 新建模型

分析完之后开始新建模型,打开 show 文件夹下的 models.py 文件,创建的代码如下:

```python
//第 9 章/9.3.2/models.py
class Testinfo(models.Model):
    testid = models.CharField(max_length=50)
    stuschool = models.CharField(max_length=50)
    classid = models.CharField(max_length=50)
    stuid = models.CharField(max_length=50)
    stuname = models.CharField(max_length=200)
    total = models.CharField(max_length=50)
    chinese = models.CharField(max_length=50)
    math = models.CharField(max_length=50)
```

```
    english = models.CharField(max_length = 50)
    def __str__(self):
        return self.stuname
```

这段代码的含义是：先创建考试模型，包含考次、学校、班级、考号、姓名、总分、语文、数学、英语等几个字段。def __str__(self)：……这段代码的作用是在后台查看考试模型时显示学生的姓名，不然会显示默认的 object。本次不再自己创建用户模型，尝试使用 Django 自带的用户模型。Django 自带的用户模型同样包含用户名、密码等字段，此外还能设置是否为网站管理员及进行登录认证，十分方便。

模型建好后，如果想在后台看到模型内容，还必须将模型加入后台。打开 show 目录下的 admin.py 文件，输入的代码如下：

```
from .models import Testinfo
admin.site.register(Testinfo)
```

9.3.3 迁移模型

模型建立完毕后，要想让模型生效还必须迁移模型，让 Django 在数据库中建立相应数据库表。在当前虚拟环境下（Terminal）依次输入命令 python manage.py makemigrations 和 python manage.py migrate，然后按 Enter 键执行。执行后的界面如图 9-9 所示。

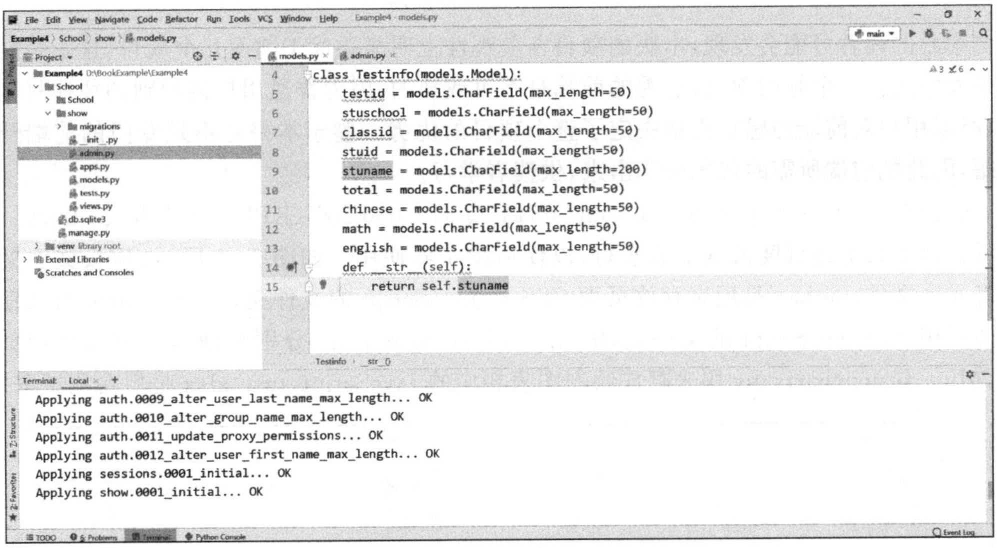

图 9-9　模型迁移完成示意图

9.3.4 创建超级管理员

模型迁移完毕后，便可开始创建超级管理员账户并管理后台。在当前虚拟环境下（Terminal）输入命令 python manage.py createsuperuser，之后按照提示输入用户名和密码。本次示例创建的用户名为 admin，密码为 adminadmin，执行后的界面如图 9-10 所示。

图 9-10　创建超级管理员

9.4　登录功能实现

9.4.1　创建登录页 HTML

细心的读者可能会发现，本次的项目在美观性上明显要优于前面几个项目，这正是前端的强大作用。一个好的项目，优秀的前端是不可或缺的，因为普通用户接触到的往往只是前端，所以用户对前端的感官直接决定了整个项目的优劣。鉴于本书并不是专门的前端开发书籍，因此把前端所需的代码分享出来，供读者学习。

链接地址 https://pan.baidu.com/s/1kJ_Qm1s1uy0TlrTcKPLe9Q 提取码：0000。请读者自行下载上述百度云盘中的素材，以便后续步骤使用。如图 9-11 所示，模板文件夹中共有 6 个文件，moban 是用来存放页面 CSS 及 JavaScript 的文件夹，fusioncharts 用来存放与图表相关的 JavaScript 的文件夹，base.html 和 login.html 分别是创建首页和登录页的 HTML。fusioncharts.py 用来存放绘制图表相应的 JavaScript，test.xlsx 是后台测试数据。

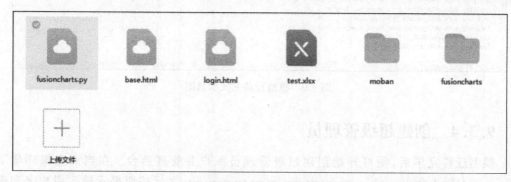

图 9-11　百度云分享

下载后在与 show 文件夹同级的目录内新建一个文件夹并命名为 static,然后将下载的两个文件夹 moban 和 fusioncharts 放入其中。之后在 show 文件夹下新建 templates 文件夹并将下载的两个 HTML 文件放入其中,完成后目录结构如图 9-12 所示。

图 9-12　模板文件目录

9.4.2　编写登录页函数

打开 show 文件夹下的 views.py 文件,在其中写入登录页视图函数,代码如下:

```
//第9章/9.4.2/views.py
from django.contrib import auth
from django.shortcuts import render, redirect
def login(request):
    if request.method == 'POST':
        username = request.POST.get('username')
        password = request.POST.get('password')
        user = auth.authenticate(username=username, password=password)
        if user:
            auth.login(request, user)
            message = '登录成功'
            #return redirect('index/')
            return render(request, 'login.html', {'message': message})
        else:
            message = '用户名或密码错误'
            return render(request, 'login.html', {'message': message})
    else:
        return render(request,'login.html')
```

这段代码的意思是先判断服务器收到的请求是否是发送请求,如果不是,则返回客户端登录界面。如果检测到客户端请求发送数据,则在请求中提取用户名和密码。提取后利用Django自带的认证方法进行认证,账号和密码匹配即认证成功,返回成功信息,否则返回错误信息。值得注意的是由于还没有编写调查页 HTML,所以登录成功后返回的是原页面+成功提示信息,后期会进行修改。

9.4.3 编写登录页路由

本节采用子路由的方式,在 show 文件夹下新建一个 urls.py 文件,用来存储 show 应用的路由。路由内代码如下:

```python
//第 9 章/9.4.2/urls.py
from django.urls import path
from . import views
app_name = 'show'
urlpatterns = [
    path('', views.login, name = 'login'),
]
```

由于 URL 匹配是从项目主目录开始查找的,因此子路由添加完成后,还必须在根目录内予以标志和说明。打开 School 文件夹下的 urls.py 文件。在其中输入的代码如下:

```python
//第 9 章/9.4.2/根 URL
from django.contrib import admin
from django.urls import path,include


urlpatterns = [
    path('admin/', admin.site.urls),
    path('show/', include('show.urls')),
]
```

与原代码相比,只改动两处,第一处是在导入处增加 include 模块,用于包含子路由。第二处是增加一条 show 的路由。含义是当 URL 匹配到 show 这个单词时,其内的具体路由到 show 这个子路由内查找。

9.4.4 测试登录功能

上述步骤完成后,在命令栏输入 python manage.py runserver 命令,然后在浏览器访问 127.0.0.1:8000/show,即可访问登录界面。这里值得注意的是访问的是 127.0.0.1:8000/show 而不是 127.0.0.1:8000,因为增加了 show 子路由,因此访问的地址也相应地发生了改变。打开浏览器访问,输入账号和密码(admin 和 adminadmin)会出现如图 9-13 所示界面,登录后还停留在登录页,但是下方已经给出登录成功的提示信息,结合所编写的登录视图函数可知测试正常。

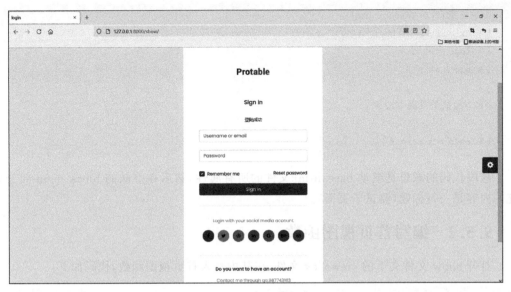

图 9-13　测试登录页

9.5　可视化功能实现

9.5.1　创建首页 HTML

如本章开始的图 9-2～图 9-4 所示，前端虽然不同页面的内容不同，但是整个页面的 CSS 样式、布局、菜单栏、侧边栏等内容实际上是一致的，因此，本章抽取不同页面的相同部分，组成一个 base.html 作为起始模板。其他的页面只要继承这个页面的所有属性再稍加修改就可以了，这就是 Django 模板的好处。使用 Django 模板，对于一组页面不需要每个都去修改，只要"继承"+"发展"就可以完成快速迭代，非常方便。打开模板文件夹下的 base.html 文件，找到如图 9-14 所示部分。{% block main %}——{% endblock main %}这段代码的作用就是留出空白供子页面完善，子页面继承后只需填充这部分代码。

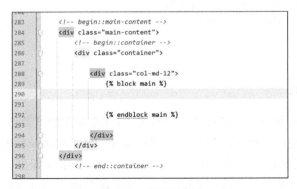

图 9-14　模板页代码

在 templates 文件夹下新建一个文件 index.html，在其中输入的代码如下：

```
//第 9 章/9.4.2/index.html
{% extends 'base.html' %}
{% load static %}
{% block main %}

<h2>测试子页面</h2>

{% endblock main %}
```

这段代码的意思是继承 base.html 文件的所有属性,然后在空缺的 block main 部分填充的内容是一行标题(测试子页面)。

9.5.2 编写首页视图函数

打开 show 文件夹下的 views.py 文件,在其中写入首页视图函数,代码如下:

```
def index(request):
    return render(request,'index.html')
```

代码非常简单,即收到请求后直接返回 index 页面。

9.5.3 编写首页路由

打开 show 文件夹下的 urls.py 文件,在其中新增一条首页视图的路由。修改后的代码如下:

```
//第 9 章/9.4.2/urls.py
from django.urls import path
from . import views
app_name = 'show'
urlpatterns = [
    path('', views.login, name = 'login'),
    path('index/', views.index, name = 'index'),
]
```

9.5.4 测试

上述步骤完成后,如果之前的服务器没有关闭,则直接在浏览器访问 127.0.0.1:8000/show/index 即可访问首页界面。如果服务器已关闭,则可在命令栏输入 python manage.py runserver,然后在浏览器访问 127.0.0.1:8000/show/index 即可。这里值得注意的是:访问的是 127.0.0.1:8000/show/index,因为 index 函数路由是在 show 子路由下增加的,所以前面要加上 show。正常情况下,浏览器会弹出如图 9-15 所示界面。

图 9-15 首页页面

9.5.5 更改登录函数

在 9.4 节，登录函数，登录成功后只能给出提示信息还不能跳转到首页。下面对其视图函数进行简单修改。修改后完整的登录视图代码如下：

```
//第 9 章/views.py
def login(request):
    if request.method == 'POST':
        username = request.POST.get('username')
        password = request.POST.get('password')
        user = auth.authenticate(username = username, password = password)
        if user:
            auth.login(request, user)
            message = '登录成功'
            return redirect('index/')
            # return render(request, 'login.html', {'message': message})
        else:
            message = '用户名或密码错误'
            return render(request, 'login.html', {'message': message})
    else:
        return render(request, 'login.html')
```

细心的读者可能会发现，本次的处理方式和第 7 章一样，只是在登录成功后提供一个重定向，将原来的返回信息替换为新页面即可。具体修改部分如图 9-16 所示，修改完成后读者可自行测试，访问 127.0.0.1/show 进行登录操作即可。

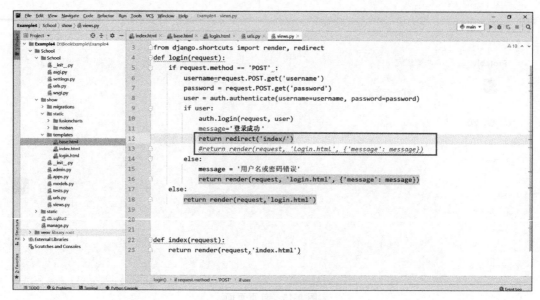

图 9-16　修改登录函数

9.5.6　后台数据导入/导出功能实现

在浏览器地址栏输入 127.0.0.1：8000/admin，以便打开管理员界面，利用之前创建的超级管理员（admin 和 adminadmin）登录。登录后可以看到如图 9-17 所示界面，界面中除 Django 内置的用户和分组模型，还有之前建立的考试信息模型。

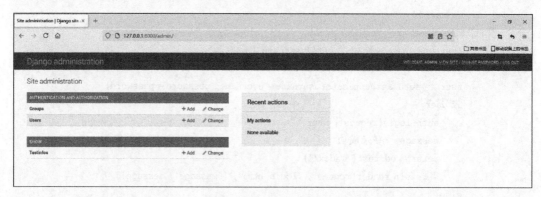

图 9-17　admin 后台

单击 Testinfos 模型按钮，可以看到增加页面。在这里可以增加考试数据，但是只能逐条增加。这种方式在实际的工作中很难被接受，因此这里为其增加导入/导出功能。

在 PyCharm 左下角单击 Terminal 按钮，在当前虚拟环境（venv 开头）按组合键 Ctrl+C 关闭服务器，然后输入 pip install -i https://pypi. douban. com/simple django-import-export 命令安装这个库。此库的作用就是提供常见文件的导入/导出功能。

安装完成后打开 show 文件夹下的 admin. py 文件，将其中的代码替换为下列代码：

```
//第9章/9.5.6/admin.py
from django.contrib import admin
# Register your models here.
from .models import Testinfo
from import_export import resources
from import_export.admin import ImportExportModelAdmin
class TestinfoResourse(resources.ModelResource):
    class Meta:
        model = Testinfo
class TestinfoAdmin(ImportExportModelAdmin):
    resource_class = TestinfoResourse
admin.site.register(Testinfo,TestinfoAdmin)
# admin.site.register(Testinfo)
```

这段代码引用 django-import-export 的类，并让创建的模型继承该类的属性，从而具备导入/导出功能。修改后，打开 School 文件夹下的 settings.py 文件，将刚刚安装的库放入其中，代码如下：

```
//第9章/9.5.6/settings.py
INSTALLED_APPS = [
    'django.contrib.admin',
    'django.contrib.auth',
    'django.contrib.contenttypes',
    'django.contrib.sessions',
    'django.contrib.messages',
    'django.contrib.staticfiles',
    'show',
    'import_export',
]
```

完成后在 PyCharm 左下角单击 Terminal 按钮，在当前虚拟环境（venv 开头）输入 python manage.py runserver 命令，重新运行服务器，然后在浏览器地址栏输入 127.0.0.1：8000/admin，重新访问，即可看到如图 9-18 所示界面。在该界面中已经增加了导入/导出功能。

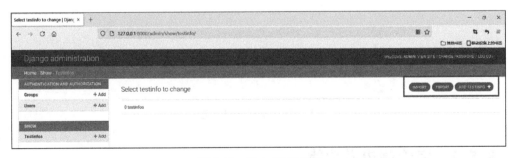

图 9-18 导入/导出按钮

如图 9-19 所示，准备一份测试数据（test.xlsx）进行导入。测试数据包含 4 个班 27 名学生两次考试的信息，以及三门课程的分数及总分。稍后这份数据会上传到本项目的百度云,供读者使用。

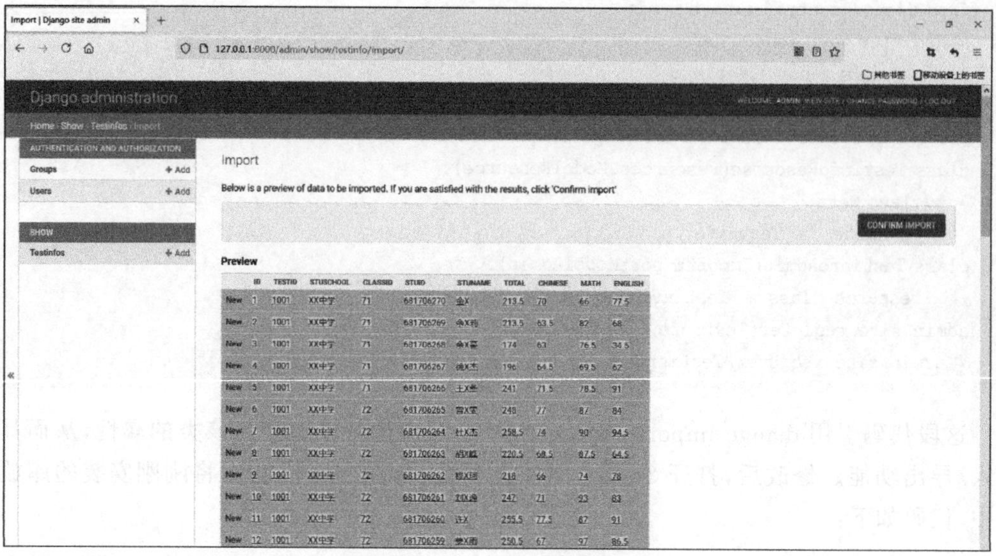

图 9-19 导入预览

单击图 9-18 中的 IMPORT 按钮,会弹出文件选择选项。选择刚刚准备的 test.xlsx 文件进行导入。确认后会弹出如图 9-19 所示预览界面,无误后确认即可导入。导入完成后会跳转到该模型界面,显示模型下的所有数据,如图 9-20 所示。

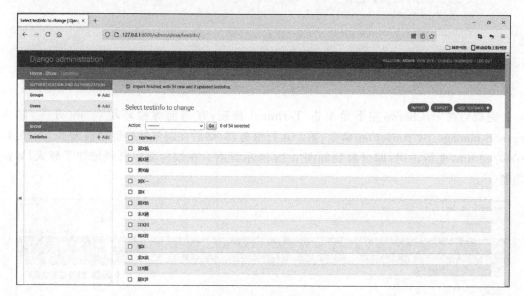

图 9-20 模型数据一览

9.5.7 完善侧边栏功能

基础工作完成后,开始进行数据分析及可视化,这是本书的重点。如图 9-2～图 9-4 所示,除考试数据的可视化外,侧边的菜单栏还需要考试列表、班级列表等几个参数以便正常显示。

下面开始对首页视图函数进行修改，使其能返回侧边栏数据，以便侧边栏能正常使用。

打开 show 文件夹下的 views.py 文件，在其中对首页视图函数进行修改，代码如下：

```python
//第 9 章/9.5.7/views.py
def index(request):
    testlist = Testinfo.objects.values('testid').distinct()
    classlist = Testinfo.objects.values('classid').distinct()
    return render(request,'index.html',{
        'testlist':testlist,
        'classlist':classlist,
    })
```

这段代码的意思是在 Testinfo 模型数据库中搜索所有 testid 和 classid 的值并去重，然后在返回页面时将这两个参数也返回。因为前端模板的相应位置已经编写了相应参数，只要后端传过来值就能做出反馈。

下面的代码是前端侧边栏的考试列表部分，这部分代码会循环列出列表中的所有数值，在前端显示为所有考试的次数，如图 9-21 所示。同理，班级列表也是一样的处理过程，代码如下：

```html
//第 9 章/班级列表处理：
<form method="post">
    {% csrf_token %}
<select class="select2-example" name="testid">
            {% for choice in testlist %}
<option value={{choice.testid}}>{{ choice.testid }}</option>
            {% endfor %}
</select>
<button type="submit" class="btn btn-secondary btn-sm btn-info" value="submit"><b>确定</b></button>
</form>
```

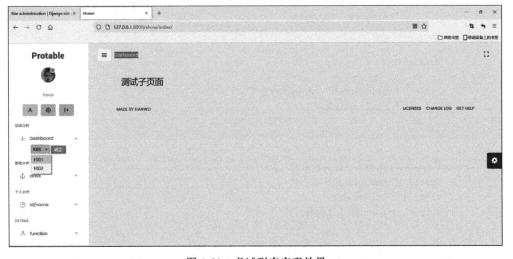

图 9-21 考试列表实现效果

9.5.8　首页数据分析可视化

由于功能的设定是单击不同的按钮,以便展示不同的数据分析页面,因此先完成首页默认的图表。由于图表较多,仅完成一个作为示例,其他由读者自行补充完整。这里以各班的平均分为例。修改首页的视图函数,修改后的代码如下:

```python
//第9章/9.5.5/views.py
from django.contrib import auth
from django.db.models import Avg
from .fusioncharts import FusionCharts
from django.shortcuts import render, redirect
from .models import Testinfo
def index(request):
    testlist = Testinfo.objects.values('testid').distinct()
    classlist = Testinfo.objects.values('classid').distinct()

    totallist = [Testinfo.objects.filter(testid='1001').filter(classid=i['classid']).aggregate(Avg('total'))['total__avg'] for i in classlist]
    category = [{"label": i['classid']} for i in classlist]
    data2 = [{"value": i} for i in totallist]
    column2D_1 = FusionCharts('scrollcolumn2d', 'myFirstchart1', '1000', '400', 'myFirstchart1-container', 'json', {
        "chart": {
            "caption": "各班总平均分对比",
            "subcaption": "By Average",
            "yaxisname": "分数",
            "numvisibleplot": "12",
            "labeldisplay": "auto",
            "theme": "fusion",
            "yaxisminvalue": "390",
            "showValues": "1",
            'exportEnabled': '1'
        },
        "categories": [
            {
                "category": category
            }
        ],
        "dataset": [
            {
                "seriesname": "各班平均分",
                "data": data2
            }
        ]
    })
    return render(request, 'index.html', {
        'testlist': testlist,
        'classlist': classlist,
        'output': column2D_1.render(),
    })
```

这段代码的意思:声明一个 testlist 变量,用来存储考试次数数据;声明一个 classlist

变量,用来存储班级数据;声明一个 totallist 变量,用来存储每个班总分的平均值,声明一个 category 变量,用来存储每个柱状图下方的标签及班级编号;声明一个 data2 变量,用来存储每个班的平均值,其中 category 和 data2 是图表所需要的格式。数据获取完成后声明一个变量 column2D_1,用来存储与绘制图表相关的参数,最后将 column2D_1 一起返回给前端数据。

视图函数修改完成后,打开 index.html 文件,将其中的代码修改如下:

```html
//第 9 章/9.5.5/index.html
{% extends 'base.html' %}
{% load static %}
{% block main %}
<h2>测试子页面</h2>
<!-- 柱状图总平均分 -->
<div class = "card">
<div class = "card">
<div class = "card-body">
<div id = "myFirstchart1-container">
                     {{ output|safe }}
</div>
</div>
</div>
<br>
</div>
{% endblock main %}
```

这段代码的作用是接收前端传过来的绘图参数并绘制图表,但是绘制图表时需要相关的 JavaScript 才可以,因此需读者把 fusioncharts.py 文件放入 show 文件夹下。这个文件的作用就是提供相应的 JavaScript 函数绘制图表。完成后项目的目录结构如图 9-22 所示。

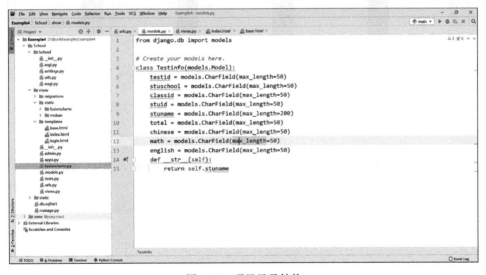

图 9-22 项目目录结构

完成后在浏览器地址栏输入 127.0.0.1:8000/show/index 即可访问,刷新页面即可看到如图 9-23 所示效果。

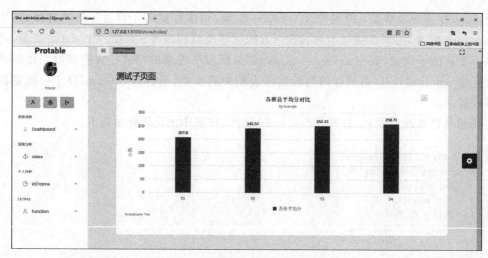

图 9-23 各班平均分可视化实现效果

同理也可以画出其他的图表,如图 9-24 所示,这里在首页增加了各班成绩分布的散点图。

图 9-24 彩图

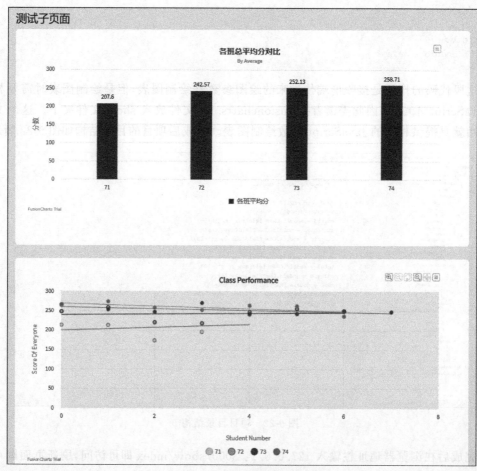

图 9-24 首页增加散点图

至此，一个最简单的 Web 数据分析可视化界面已经完成，其他的图表制作读者可参考本书提供的源码自行补充完成。

9.5.9　页面跳转

按照功能设计，不同的按钮单击后应跳转到不同界面，不同界面的图表页稍有不同。这是如何实现的呢？其实很简单。通过获取客户端的请求，如果是 GET 请求，就返回默认界面。如果是 POST 请求，则根据传递的 POST 参数来重新绘制图表并返回相应参数即可，这样就可实现同一界面不同的显示效果。为了说明原理，还是采用上述平均分图表，先忽略班级选项和个人选项，假设用户单击"1002"次考试代码应如何修改呢？修改后的代码如下：

```
//第9章/9.5.9/views.py
def index(request):
    testlist = Testinfo.objects.values('testid').distinct()
    classlist = Testinfo.objects.values('classid').distinct()
    tid = '1001'

    if request.POST.get(str('testid')):
        tid = request.POST.get(str('testid'))

    totallist = [Testinfo.objects.filter(testid=tid).filter(classid=i['classid']).aggregate(Avg('total'))['total__avg'] for i in classlist]
    category = [{"label": i['classid']} for i in classlist]
    data2 = [{"value": i} for i in totallist]
    column2D_1 = FusionCharts('scrollcolumn2d', 'myFirstchart1', '1000', '400', 'myFirstchart1-container', 'json', {
        "chart": {
            "caption": "各班总平均分对比",
            "subcaption": "By Average",
            "yaxisname": "分数",
            "numvisibleplot": "12",
            "labeldisplay": "auto",
            "theme": "fusion",
            "yaxisminvalue": "390",
            "showValues": "1",
            'exportEnabled': '1'
        },
        "categories": [
            {
                "category": category
            }
        ],
        "dataset": [
            {
                "seriesname": "各班平均分",
```

```
                    "data": data2
                }
            ]
        })
    return render(request,'index.html',{
        'testlist':testlist,
        'classlist':classlist,
        'output': column2D_1.render(),
    })
```

与前面的代码相比,改动之处就是增加一个变量 tid,用来存储考试次数,如果用户单击考试次数,则 tid 的值会相应改变。tid 值确定后,后面的函数再根据 tid 的值去进行数据的筛选和获取,最后传递参数便可绘制图表。如图 9-25 所示,当单击"1002"按钮,并且刷新界面后,班级的平均分与图 9-23 相比便会发生变化。

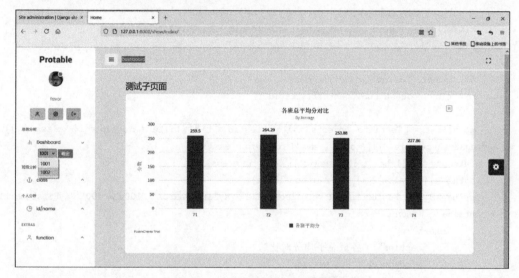

图 9-25 平均分根据选项变化效果图

以此类推,其他页面的跳转也采用相同的方法,这里就不再赘述了,下面给出完整代码供读者参考,当然读者也可以参考本书源码完成整个项目的补充。视图函数 view.py 的代码如下:

```
//第 9 章/9.5.9/view.py:
# Create your views here.
from collections import OrderedDict
from django.contrib import auth
from django.db.models import Avg
from .fusioncharts import FusionCharts
from django.shortcuts import render, redirect
from .models import Testinfo
def login(request):
    if request.method == 'POST':
```

```python
            username = request.POST.get('username')
            password = request.POST.get('password')
            user = auth.authenticate(username = username, password = password)
            if user:
                auth.login(request, user)
                message = '登录成功'
                return redirect('index/')
                # return render(request, 'login.html', {'message': message})
            else:
                message = '用户名或密码错误'
                return render(request, 'login.html', {'message': message})
        else:
            return render(request,'login.html')


def index(request):
    testlist = Testinfo.objects.values('testid').distinct()
    classlist = Testinfo.objects.values('classid').distinct()
    tid = '1001'

    if request.POST.get(str('testid')):
        tid = request.POST.get(str('testid'))
    #总平均分柱状图

totallist = [Testinfo.objects.filter(testid = tid).filter(classid = i['classid']).aggregate
(Avg('total'))['total__avg'] for i in classlist]
    category = [{"label": i['classid']} for i in classlist]
    data2 = [{"value": i} for i in totallist]
    column2D_1 = FusionCharts('scrollcolumn2d', 'myFirstchart1', '1000', '400', 'myFirstchart1
-container', 'json', {
        "chart": {
            "caption": "各班总平均分对比",
            "subcaption": "By Average",
            "yaxisname": "分数",
            "numvisibleplot": "12",
            "labeldisplay": "auto",
            "theme": "fusion",
            "yaxisminvalue": "390",
            "showValues": "1",
            'exportEnabled': '1'
        },
        "categories": [
            {
                "category": category
            }
        ],
        "dataset": [
            {
                "seriesname": "各班平均分",
                "data": data2
```

```python
            }
        ]
    })

    # 获取班级总分分布散点图

    scatter_list = [Testinfo.objects.filter(testid = tid).filter(classid = i['classid']).values('total') for i in classlist]
    # scat = [[i] for i in classlist2]
    # print(scatter_list)
    scatter_list0 = [j['total'] for j in scatter_list[0]]
    scatter_list1 = [j['total'] for j in scatter_list[1]]
    scatter_list2 = [j['total'] for j in scatter_list[2]]
    scatter_list3 = [j['total'] for j in scatter_list[3]]

    scatter_date0 = [{"Y": value, "X": j} for j, value in enumerate(scatter_list0)]
    scatter_date1 = [{"Y": value, "X": j} for j, value in enumerate(scatter_list1)]
    scatter_date2 = [{"Y": value, "X": j} for j, value in enumerate(scatter_list2)]
    scatter_date3 = [{"Y": value, "X": j} for j, value in enumerate(scatter_list3)]
    # 散点图图像格式及数据

    dataSource2 = OrderedDict()
    dataSource2 = (
        {
            "chart": {
                "caption": "Class Performance",
                "yaxisname": "Score Of Everyone",
                "xaxisname": "Student Number",
                "theme": "fusion",
                "labeldisplay": "auto",
                'exportEnabled': '1',
                "yaxisminvalue": "200",

            },
            "dataset": [
                {
                    # "drawline": "1",
                    "seriesname": '71',
                    "showregressionline": "1",
                    "color": "009900",
                    "anchorsides": "3",
                    "anchorradius": "4",
                    "anchorbgcolor": "D5FFD5",
                    # "anchorbordercolor": "009900",
                    "data": scatter_date0
                },
                {
                    # 连点成线"drawline": "2",
                    "seriesname": '72',
                    "showregressionline": "1",
```

```
                    "color": "0000FF",
                    "anchorsides": "4",
                    "anchorradius": "4",
                    "anchorbgcolor": "C6C6FF",
                    "anchorbordercolor": "0000FF",
                    "data": scatter_date1
                },
                {
                    #连点成线"drawline": "2",
                    "seriesname": '73',
                    "showregressionline": "1",
                    "color": "0000FF",
                    "anchorsides": "4",
                    "anchorradius": "4",
                    "anchorbgcolor": "BA55D3",
                    "anchorbordercolor": "BA55D3",
                    "data": scatter_date2
                },
                {
                    #连点成线"drawline": "2",
                    "seriesname": '74',
                    "showregressionline": "1",
                    "color": "0000FF",
                    "anchorsides": "4",
                    "anchorradius": "4",
                    "anchorbgcolor": "5CACEE",
                    "anchorbordercolor": "5CACEE",
                    "data": scatter_date3
                },
            ],
            #区域色块颜色范围设置
            "vtrendlines": [
                {
                    "line": [
                        {
                            "startvalue": "0",
                            "endvalue": "8",
                            "alpha": "5",
                            "color": "00FF00"
                        },

                    ]
                }
            ],

    })
    ZoomScatter = FusionCharts("zoomscatter", "myZoomScatter", "1000", "450",
"myZoomScatter-container", "json", dataSource2)
```

```python
    return render(request,'index.html',{
        'testlist':testlist,
        'classlist':classlist,
        'output': column2D_1.render(),
        'output2': ZoomScatter.render(),
    })
```

首页 index.html 文件的代码如下：

```html
{% extends 'base.html' %}
{% load static %}
{% block main %}

<h2>测试子页面</h2>
<!-- 柱状图总平均分 -->
<div class="card">
<div class="card">
<div class="card-body">
<div id="myFirstchart1-container">
                    {{ output|safe }}
</div>
</div>
</div>
<br>
</div>

<!-- 散点图平均分 -->
<div class="card">
<div class="card">
<div class="card-body">
<div id="myZoomScatter-container">
                    {{ output2|safe }}
</div>
</div>
</div>
<br>
</div>
{% endblock main %}
```

至此，Web 数据分析已经完成。总结一下，其实实现步骤为后端分析→传参给前端→前端根据参数绘制图表，逻辑比较清晰简单。其他的图表说明稍后会传至百度云，读者可自行查阅，并可尝试丰富项目的内容。

9.6 后台美化

目前前端的界面看起来比较清爽，但是后端相对来讲比较简陋，因此应对后端进行美化。在 PyCharm 左下角单击 Terminal 按钮，在当前虚拟环境（venv 开头）按组合键 Ctrl＋

C,关闭服务器,然后输入 pip install -i https://pypi.douban.com/simple django-simpleui 命令,安装这个库。这个库的作用就是对默认的 ADMIN 后台界面进行美化。

安装完成后打开 show 文件夹下的 admin.py 文件,将其中的代码进行替换,这里把 simpleui 放在最前方,代码如下:

```
#第9章/7.6/settings.py
INSTALLED_APPS = [
    'simpleui',
    'django.contrib.admin',
    'django.contrib.auth',
    'django.contrib.contenttypes',
    'django.contrib.sessions',
    'django.contrib.messages',
    'django.contrib.staticfiles',
    'show',
    'import_export',

]
```

完成后在 PyCharm 左下角单击 Terminal 按钮,在当前虚拟环境(venv 开头)输入 python manage.py runserver 命令,重新运行服务器,然后在浏览器地址栏输入 127.0.0.1:8000/admin,重新访问,即可看到如图 9-26 所示界面。该界面与原界面相比看起来更加清爽,同时还提供了切换主题功能。如图 9-27 所示,单击 ChangeTheme 按钮即可切换不同配色。

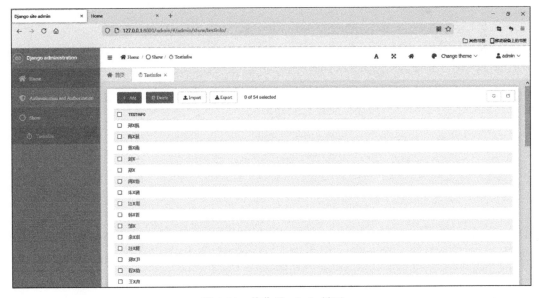

图 9-26　美化后 admin 界面

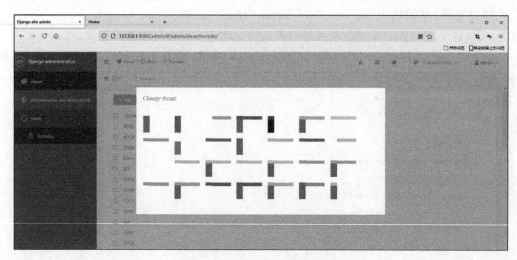

图 9-27　admin 界面切换主题

现在本项目的前后端看起来都已经比较清爽，功能也相对完善。有兴趣的读者可以尝试一下自行拓展，相信对相应内容的学习和应用会让能力得到极大提升。第 10 章将讲解如何把项目在服务器中进行部署，使项目能够满足日常使用需要。

第六篇　返璞归真

第六篇 近代民眞

第 10 章 服务器部署

10.1 部署方案简介

第 7 章~第 9 章的 3 个项目全部是在 Windows 环境下利用 PyCharm 进行开发的,并且项目也能正常运行。下面以第 9 章为例,讲解如何将项目在服务器中部署,使项目能够作为一个正常的 Web 应用持续运行,为用户提供服务。

说到服务器不得不提一下,到底什么是服务器呢?其实可以把服务器看作一种特殊类型的计算机,这种计算机和普通的计算机功能相似,但是数据处理、可靠性、稳定性方面较一般的计算机要强很多,因此价格也比普通的笔记本或者台式机要高很多。一般的服务器基本全年运行不关机,在这种情况下要保证系统可用不出错,普通的计算机很难做到这点。服务器的操作系统分为两种,一种是 Window Server 系列操作系统,界面及功能和 Windows 很类似。另一种是 Linux 操作系统,这是一套开源的操作系统,类似于早期的 DOS 系统。它以命令行界面为主,用户也可以自行安装一些开源的图形用户界面,但是功能并不如 Windows 完善。它有很多不同的版本,笔者目前用 Ubuntu 和 CentOS 较多。

目前市面上服务器安装的操作系统基本是在 Window Server 和 Linux 之中二选一,Window Server 系列操作系统的优点是操作简单和安全漏洞较少,使用体验和正常使用 Windows 基本一致。缺点是系统占用内存等资源较高,并且商用收费。Linux 与 Windows 相反,优点是系统占用资源少并且免费,缺点是安全漏洞较多,并且操作门槛高,对于使用者的要求较高。

项目在这两种系统中部署都有两种方案,一种是直接部署,另一种是容器化部署。直接部署,顾名思义,类似于安装普通应用一样直接安装,但是这种部署方式的缺点是安全性不高。一旦设计的程序有 Bug,并且被黑客利用就很可能会引发整机的数据泄露乃至服务器故障瘫痪。容器化部署即在服务器中先安装一个虚拟软件,这个软件可以模拟出一个个虚拟的服务器,将自己的项目安装在这些虚拟的服务器中。优点是应用隔离,安全性高,缺点是相对来讲操作麻烦,但是这些容器技术近年来也在不断发展,逐步简化。Window Server 环境下可以使用 VMware 软件进行容器化部署,Linux 环境下可以使用 Docker 技术进行容器化部署。

由于本书面向的对象是 Python 初学者或者 Web 开发初学者,因此 Linux 环境下的部署先暂不涉及。前面提到过,Window Server 系列操作系统和 Windows 操作系统的体验基本一致，考虑到读者的实际使用需求，本章就以 Windows 操作系统为例，讲解如何在 Windows 环境下部署并使用 Django 开发的 Web 应用。

10.2 Windows 部署

10.2.1 转移项目

一般情况下开发的项目需要安装在其他计算机或者服务器上，因此学习如何把自己的项目有效地转移到其他计算机上是十分必要的，下面讲解操作步骤。

1. 生成 requirements.txt 文件

由于项目在开发过程中使用了很多的第三方库，这些库组成了整个项目的安装环境。没有安装环境中这些库的支持，项目是不可能正常启动的，因此在迁移之前，需要先生成整个项目安装环境的依赖文件，以便在其他机器上安装。如图 10-1 所示，在当前项目的 Terminal 下输入命令 pip freeze > requirements.txt，然后按 Enter 键执行，项目中就会自动生成一个 requirements.txt 文件。该文件记载了项目运行所需要的所有第三方库，如图 10-2 所示。

图 10-1　生成依赖文件

2. 将项目复制到指定位置

生成依赖文件后，就可以准备移动项目了。值得注意的是整个项目（project）的名称是 School，因此只需复制 School 文件夹，而环境文件（venv）不需要，如图 10-3 所示。

将 School 文件夹复制后就可以将它转移到其他位置或者其他计算机，当然要想让项目运行，其他计算机也必须安装 Python 解释器，最后还需安装 PyCharm，方便查看及更改项目内容。本书在 BookExample 文件夹下新建了一个文件夹 server，并将 School 文件夹粘贴在其中，粘贴后文件的目录结构及内容如图 10-4 所示。

图 10-2　依赖文件内容

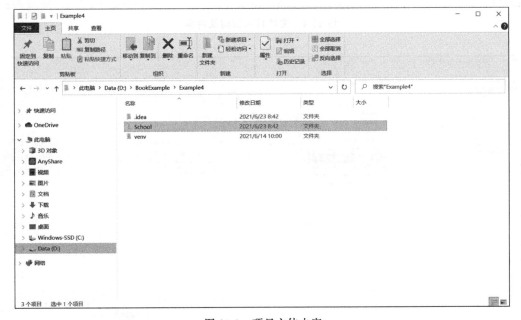

图 10-3　项目主体内容

3．配置虚拟环境

粘贴完成后用 PyCharm 打开 School 文件夹，然后执行 File→Settings→PythonInterpreter→Add 命令，参照前几章为项目配置新的虚拟环境和 Python 解释器。完成后项目的目录结构如图 10-5 所示，会生成一个新的 venv 文件夹，代表当前的虚拟环境。

虚拟环境配置完成后单击 Terminal 按钮，在命令栏中输入命令 pip install -r requriements.txt -i https://pypi.douban.com/simple。完成后按 Enter 键执行，系统会自动安装所需要的所有第三方依赖，如图 10-6 所示。

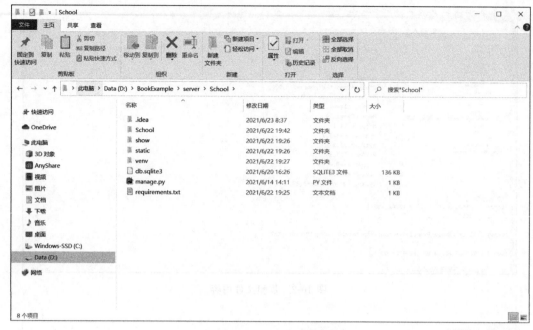

图 10-4　文件目录结构及内容

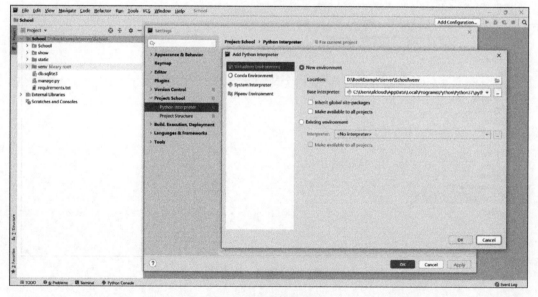

图 10-5　配置虚拟环境

依赖安装完成后在 Terminal 命令栏中输入命令 python manage.py runserver，运行服务，然后在浏览器网址栏访问 127.0.0.1：8000/show，查看网站时都能正常运行。如图 10-7 所示，本机能够正常运行，如果不能正常运行，则可参考上述步骤，重新修正。测试正常后即可在命令栏按组合键 Ctrl＋C，关闭服务。

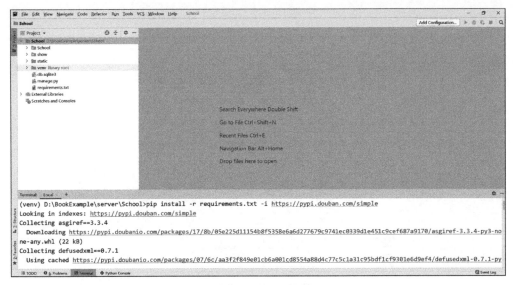

图 10-6　安装依赖

图 10-7　测试运行

10.2.2　安装 IIS

下面开始逐步用服务器部署，本机所用的系统环境为 Windows 10，读者可参照下列步骤执行。在搜索栏中搜索"启用或关闭 Windows 功能"，在弹出的应用框中勾选 IIS（Internet Information Services）的相关选项，如图 10-8 所示。

选项选好并确定后，系统将开启 IIS 相关功能，这可能需要稍等一下。完成后在搜索栏中搜索 IIS 会弹出如图 10-9 所示页面，单击"打开"按钮。打开后会出现如图 10-10 所示界面。

图 10-8　IIS 开启选项

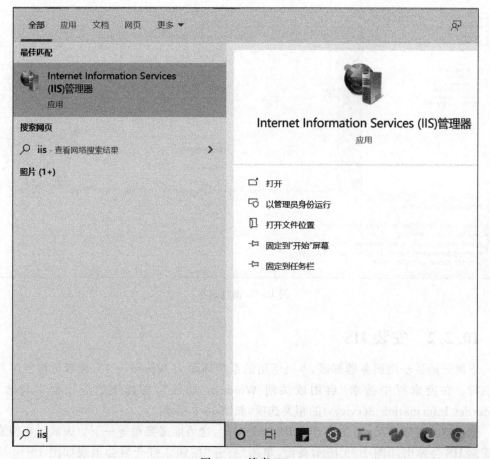

图 10-9　搜索 IIS

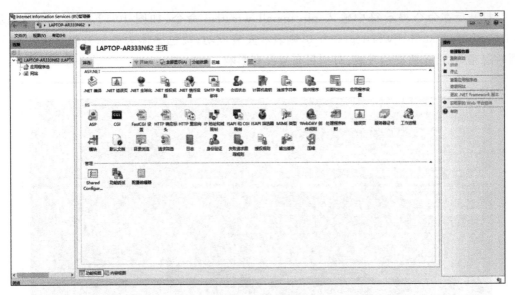

图 10-10　IIS 界面

10.2.3　安装 wfastcgi

在搜索栏搜索 CMD，选择"以管理员身份运行"命令提示符，如图 10-11 所示。

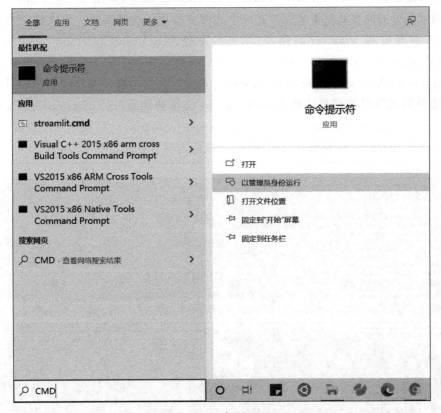

图 10-11　打开 CMD

打开后在命令提示符中输入 pip install wfastcgi 命令,如图 10-12 所示。如果提示 Successfully installed wfastcgi-3.0.0,则表示安装成功,黄色字体为提示升级 pip 版本,可暂时忽略,也可按照提示升级,对项目布置没有影响。

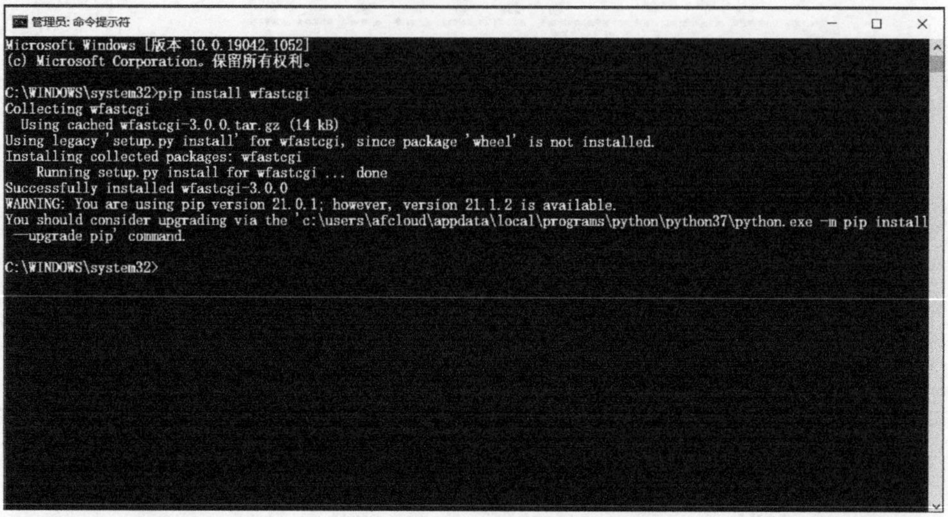

图 10-12　pip 安装 wfastcgi

安装后继续输入 wfastcgi-enable 命令开启 wfastcgi 服务,如图 10-13 所示。开启后将下方下画线部分的内容复制下来保存在一个文件中备用。这其实是一个文件路径,同时包含 Python 解释器和 wfastcgi 的路径,本机的路径为 c:\users\afcloud\appdata\local\programs\python\python37\python.exe|c:\users\afcloud\appdata\local\programs\python\python37\lib\site-packages\wfastcgi.py,后续会参考这条路径找到本项目的路径。完成后读者需在资源管理器中输入 wfastcgi.py 文件的地址"c:\users\afcloud\appdata\local\programs\python\python37\lib\site-packages\wfastcgi.py",找到 wfastcgi.py 文件,将它复制到和 manage.py 同级的文件夹中,完成后的项目目录如图 10-14 所示。

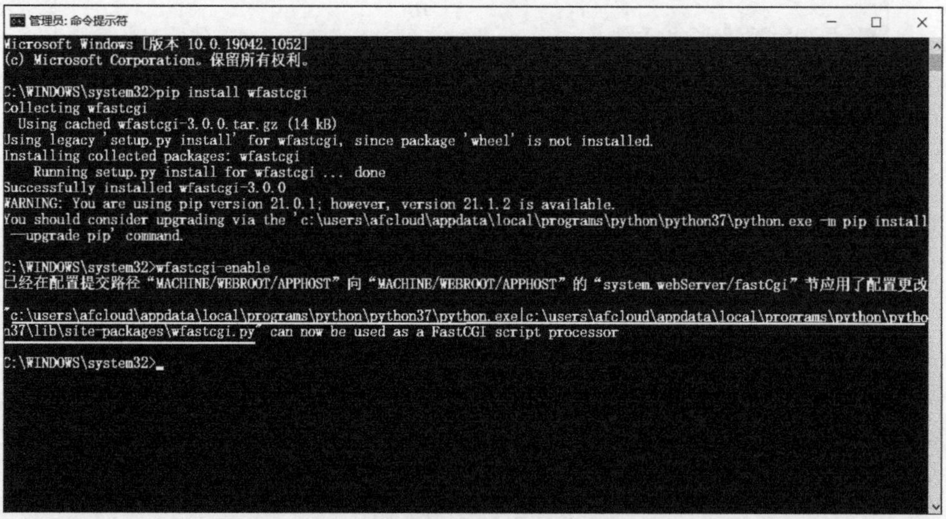

图 10-13　开启 wfastcgi 服务

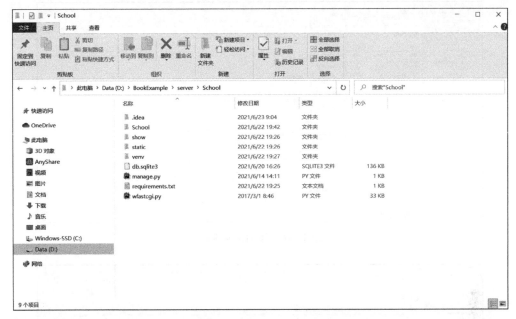

图 10-14　wfastcgi.py 加入目录

10.2.4　配置网站

打开 IIS，在"网站"处右击"添加网站"，如图 10-15 所示。如果读者是第一次使用 IIS，则网站选项下应该只有一个默认的网站。这里有 3 个，这是因为笔者之前配置过，但不影响本次配置，需读者知悉。

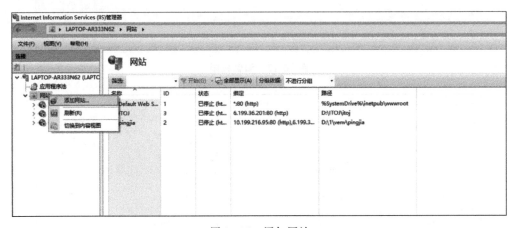

图 10-15　添加网站

如图 10-16 所示，添加网站时名称可以随意取，地址选择项目的根目录，IP 地址可下拉选择本机的 IP，完成后单击"确定"按钮。

如图 10-17～图 10-19 所示，选中该网站后右击"编辑权限"。在弹出的文件夹选项中依次单击"安全"→"编辑"→"添加"→"高级"→"立即查找"，找到 IIS_IUSERS 然后单击"确定"按钮。接下来为该用户选择"完全控制"权限，然后单击"确定"按钮。

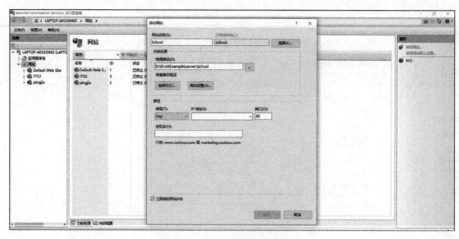

图 10-16　添加网站选项

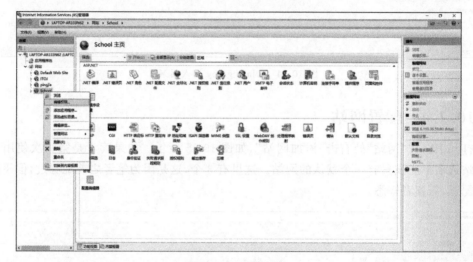

图 10-17　编辑权限

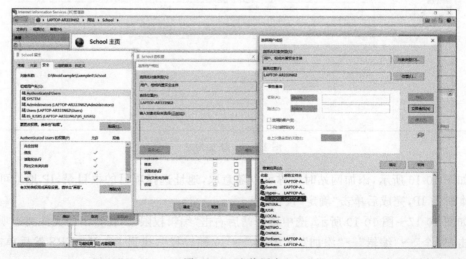

图 10-18　查找用户

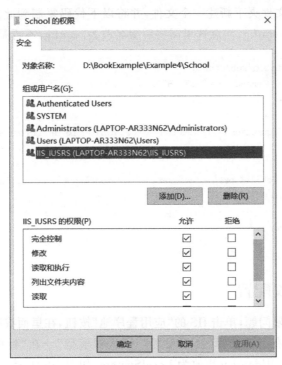

图 10-19　赋予完全控制权限

完成权限设置后打开 CMD，在其中输入两条命令，命令如下：

```
%windir%\system32\inetsrv\appcmd unlock config -section:system.webServer/handlers
%windir%\system32\inetsrv\appcmd unlock config -section:system.webServer/modules
```

如图 10-20 所示，这两条命令的作用是解锁默认 Web 配置，使配置生效。

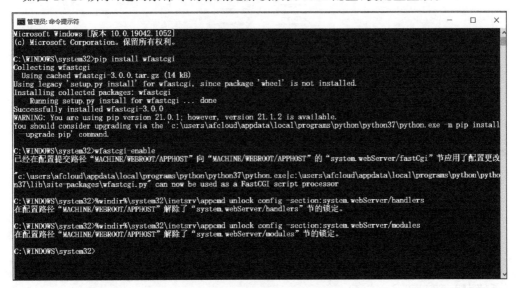

图 10-20　解锁默认 Web 配置

完成后在 static 文件夹下新建一个文件,并将以下代码复制到此文件中。保存后将文件的名称更改为 web.config,注意这里需将后缀名改为.config,不再是.txt,代码如下:

```
//第10章/10.2./static/web.config
<?xml version = "1.0"?encoding = "UTF - 8"?>
  < configuration >
    < system.webServer >
    <! -- this configuration overrides the FastCGI handler to let IIS serve the static files -->
    < handlers >
      < clear/>
      < add name = "StaticFile" path = " * " verb = " * " modules = "StaticFileModule" resourceType = "File" requireAccess = "Read" />
    </handlers >
    </system.webServer >
</configuration >
```

10.2.5 更改配置

为了避免一些权限问题,单击 IIS 的"应用程序池"按钮,在里面找到项目 School 的应用程序。勾选 School→右击并选择"高级设置"→"进程模型"→在"标识"中将原来"内置账户"中的 ApplicationPollIdentity 更改为 LocalSystem,如图 10-21 所示。

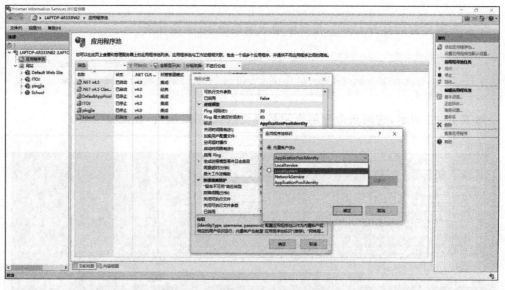

图 10-21 更改应用程序池内置账户

更改后在项目根目录下新建一个文件 web.config,在文件中写入以下内容:

```
//第10章/1.2.4/web.config
<?xml version = "1.0" encoding = "UTF - 8"?>
< configuration >
< system.webServer >
```

```
< handlers >
< add name = "Python FastCGI" path = " * " verb = " * " modules = "FastCgiModule" scriptProcessor =
"D:\BookExample\ server \ School \ venv \ Scripts \ python. exe | D: \ BookExample \ server \ School \
wfastcgi.py" resourceType = "Unspecified" requireAccess = "Script" />
</ handlers >
</ system.webServer >
< appSettings >
< add key = "WSGI_HANDLER" value = "django.core.wsgi.get_wsgi_application()" />
< add key = "PYTHONPATH" value = "D:\BookExample\server\School" />
< add key = "DJANGO_SETTINGS_MODULE" value = "School.settings" />
</ appSettings >
</ configuration >
```

这里有 3 个参数值得注意，第 1 个参数是 scriptProcesso。前面安装启动 wfastcgi 时生成路径 c:\users\afcloud\appdata\local\programs\python\python37\python.exe|c:\users\afcloud\appdata\local\programs\python\python37\lib\site-packages\wfastcgi.py。这个路径是 FastCgi 映射模块的参数，因为项目有自己单独的虚拟环境，为避免混用，这里参照这个路径切换为自己项目里的路径。符号"|"前面的路径是 Python 解释器的位置，后面的路径是 wfastcgi.py 文件的位置。如果读者所用的路径与本机不同，则可参照修改。第 2 个参数是项目目录位置，第 3 个参数是项目根目录 Settings.py 的位置，用"项目名+settings"的固定形式。

完成后开始添加虚拟目录，这是为了避免网站找不到 CSS、JavaScript 等静态文件。如图 10-22～图 10-23 所示，选择 School 网站，右击→"添加虚拟目录"，虚拟目录的名称为 static，与项目静态文件夹的名称一致，位置就是项目中 static 文件的位置。完成后单击"确定"按钮。

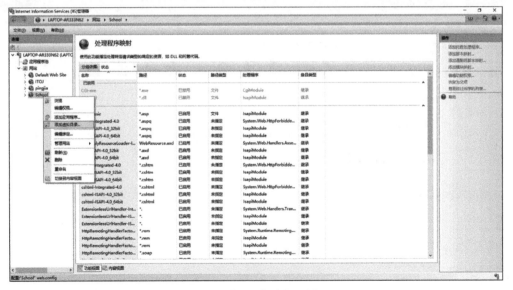

图 10-22　添加虚拟目录

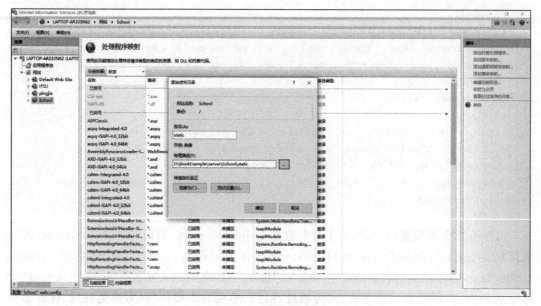

图 10-23　配置虚拟目录

添加完成后勾选网站,如图 10-24 所示,在网站的右侧有浏览网站的选项。单击此选项即可在浏览器中打开,这个地址就是本机的 IP 地址,当然可以复制 IP 地址后直接在浏览器中打开,但是需要注意的是,项目的默认地址是 127.0.0.1∶8000/show,并不是 127.0.0.1∶8000,因此在浏览器中访问时应该是 IP 地址加上/show,如图 10-25 所示。如果觉得这样访问很麻烦,就需要更改项目 urls.py 文件中的路由,具体内容可参考前面两章的内容。

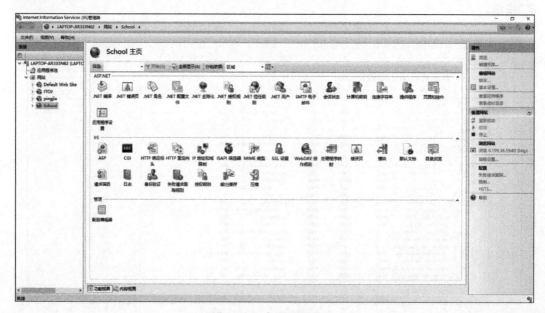

图 10-24　打开网站位置

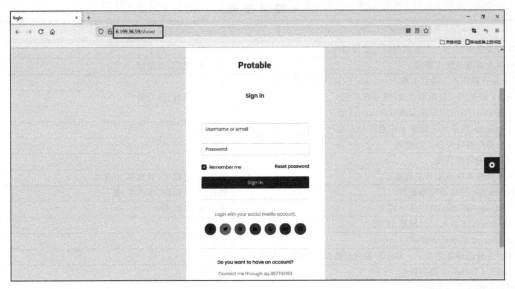

图 10-25　IP 直接访问

至此一个 Django 项目如何在 Windows 系统中部署已经讲解完毕,本书的内容也接近尾声。本书面向 Python 或 Web 开发初学者,以基于 Django 的框架来讲解如何进行数据分析、可视化与 Web 功能开发。后续在 Web 可视化方面将筹划前后分离的一些项目,主要涉及大屏可视化和动态刷新。当然相较于本书难度会有所增加,因为涉及了 JavaScript 和前端框架知识,如 Vue 和 React 等。

图书推荐

书 名	作 者
深度探索 Vue.js——原理剖析与实战应用	张云鹏
剑指大前端全栈工程师	贾志杰、史广、赵东彦
Flink 原理深入与编程实战——Scala＋Java(微课视频版)	辛立伟
Spark 原理深入与编程实战(微课视频版)	辛立伟、张帆、张会娟
HarmonyOS 应用开发实战(JavaScript 版)	徐礼文
HarmonyOS 原子化服务卡片原理与实战	李洋
鸿蒙操作系统开发入门经典	徐礼文
鸿蒙应用程序开发	董昱
鸿蒙操作系统应用开发实践	陈美汝、郑森文、武延军、吴敬征
HarmonyOS 移动应用开发	刘安战、余雨萍、李勇军 等
HarmonyOS App 开发从 0 到 1	张诏添、李凯杰
HarmonyOS 从入门到精通 40 例	戈帅
JavaScript 基础语法详解	张旭乾
华为方舟编译器之美——基于开源代码的架构分析与实现	史宁宁
Android Runtime 源码解析	史宁宁
鲲鹏架构入门与实战	张磊
鲲鹏开发套件应用快速入门	张磊
华为 HCIA 路由与交换技术实战	江礼教
openEuler 操作系统管理入门	陈争艳、刘安战、贾玉祥 等
恶意代码逆向分析基础详解	刘晓阳
深度探索 Go 语言——对象模型与 runtime 的原理、特性及应用	封幼林
深入理解 Go 语言	刘丹冰
深度探索 Flutter——企业应用开发实战	赵龙
Flutter 组件精讲与实战	赵龙
Flutter 组件详解与实战	[加]王浩然(Bradley Wang)
Flutter 跨平台移动开发实战	董运成
Dart 语言实战——基于 Flutter 框架的程序开发(第 2 版)	亢少军
Dart 语言实战——基于 Angular 框架的 Web 开发	刘仕文
IntelliJ IDEA 软件开发与应用	乔国辉
Vue＋Spring Boot 前后端分离开发实战	贾志杰
Vue.js 快速入门与深入实战	杨世文
Vue.js 企业开发实战	千锋教育高教产品研发部
Python 从入门到全栈开发	钱超
Python 全栈开发——基础入门	夏正东
Python 全栈开发——高阶编程	夏正东
Python 全栈开发——数据分析	夏正东
Python 游戏编程项目开发实战	李志远
Python 人工智能——原理、实践及应用	杨博雄 主编，于营、肖衡、潘玉霞、高华玲、梁志勇 副主编
Python 深度学习	王志立
Python 预测分析与机器学习	王沁晨
Python 异步编程实战——基于 AIO 的全栈开发技术	陈少佳
Python 数据分析实战——从 Excel 轻松入门 Pandas	曾贤志

图 书 推 荐

书 名	作 者
Python 概率统计	李爽
Python 数据分析从 0 到 1	邓立文、俞心宇、牛瑶
FFmpeg 入门详解——音视频原理及应用	梅会东
FFmpeg 入门详解——SDK 二次开发与直播美颜原理及应用	梅会东
FFmpeg 入门详解——流媒体直播原理及应用	梅会东
FFmpeg 入门详解——命令行与音视频特效原理及应用	梅会东
Python Web 数据分析可视化——基于 Django 框架的开发实战	韩伟、赵盼
Python 玩转数学问题——轻松学习 NumPy、SciPy 和 Matplotlib	张骞
Pandas 通关实战	黄福星
深入浅出 Power Query M 语言	黄福星
深入浅出 DAX——Excel Power Pivot 和 Power BI 高效数据分析	黄福星
云原生开发实践	高尚衡
云计算管理配置与实战	杨昌家
虚拟化 KVM 极速入门	陈涛
虚拟化 KVM 进阶实践	陈涛
边缘计算	方娟、陆帅冰
物联网——嵌入式开发实战	连志安
动手学推荐系统——基于 PyTorch 的算法实现(微课视频版)	於方仁
人工智能算法——原理、技巧及应用	韩龙、张娜、汝洪芳
跟我一起学机器学习	王成、黄晓辉
深度强化学习理论与实践	龙强、章胜
自然语言处理——原理、方法与应用	王志立、雷鹏斌、吴宇凡
TensorFlow 计算机视觉原理与实战	欧阳鹏程、任浩然
计算机视觉——基于 OpenCV 与 TensorFlow 的深度学习方法	余海林、翟中华
深度学习——理论、方法与 PyTorch 实践	翟中华、孟翔宇
HuggingFace 自然语言处理详解——基于 BERT 中文模型的任务实战	李福林
AR Foundation 增强现实开发实战(ARKit 版)	汪祥春
AR Foundation 增强现实开发实战(ARCore 版)	汪祥春
ARKit 原生开发入门精粹——RealityKit + Swift + SwiftUI	汪祥春
HoloLens 2 开发入门精要——基于 Unity 和 MRTK	汪祥春
巧学易用单片机——从零基础入门到项目实战	王良升
Altium Designer 20 PCB 设计实战(视频微课版)	白军杰
Cadence 高速 PCB 设计——基于手机高阶板的案例分析与实现	李卫国、张彬、林超文
Octave 程序设计	于红博
ANSYS 19.0 实例详解	李大勇、周宝
ANSYS Workbench 结构有限元分析详解	汤晖
AutoCAD 2022 快速入门、进阶与精通	邵为龙
SolidWorks 2021 快速入门与深入实战	邵为龙
UG NX 1926 快速入门与深入实战	邵为龙
Autodesk Inventor 2022 快速入门与深入实战(微课视频版)	邵为龙
全栈 UI 自动化测试实战	胡胜强、单镜石、李睿
pytest 框架与自动化测试应用	房荔枝、梁丽丽

图书资源支持

感谢您一直以来对清华版图书的支持和爱护。为了配合本书的使用,本书提供配套的资源,有需求的读者请扫描下方的"书圈"微信公众号二维码,在图书专区下载,也可以拨打电话或发送电子邮件咨询。

如果您在使用本书的过程中遇到了什么问题,或者有相关图书出版计划,也请您发邮件告诉我们,以便我们更好地为您服务。

我们的联系方式:

地　　址:北京市海淀区双清路学研大厦 A 座 714

邮　　编:100084

电　　话:010-83470236　010-83470237

客服邮箱:2301891038@qq.com

QQ:2301891038(请写明您的单位和姓名)

资源下载:关注公众号"书圈"下载配套资源。

书圈

获取最新书目

观看课程直播